JN092938

北欧の
パブリックスペース

街のアクティビティを豊かにするデザイン

小泉　隆 ／ディビッド・シム

学芸出版社

CONTENTS

Introduction
北欧のパブリックスペースの豊かさを支えるもの
小泉 隆

本書について

　本書は、スウェーデン在住の都市デザイナー・建築家のディビッド・シムとの共著である。シムは、パブリックスペース研究・実践の第一人者であるヤン・ゲールの事務所に勤務し、ルンド大学で教鞭をとった経験もあり、また近年世界各地で翻訳されている『Soft City』（2019 年、日本語版 2021 年）の著者でもある。一方、筆者は日本の大学で教鞭をとりながら北欧に憧れ、度々訪れては、建築・照明・家具のデザインを紹介する書籍を刊行してきた。こうした滞在・調査経験の中で実感していた北欧のパブリックスペースの豊かさを伝える事例集を刊行したいと考えていたとき、シムと出会い、本書の企画への賛同を得て、出版が実現した。

　本書は、シムによる思慮深い 4 本のエッセイと、デンマーク・スウェーデン・フィンランド・ノルウェーのパブリックスペースを 8 つのカテゴリー別に筆者が紹介する本編からなる。本編で取り上げる事例の選定や個々の特徴などに関しては、現地をよく知るシムと意見交換を行い、助言をもらいながら、筆者がまとめた。

　ここでは、イントロダクションとして、筆者の現地取材や各種資料をもとに、北欧のパブリックスペースの豊かさを支える基盤や背景について記したい。

人間中心のまちづくり

　昨今世界各地で、近代以降に自動車交通を優先してつくられた都市を見直す機運が高まり、「人間のためのまちづくり」が推進されている。なかでも、社会制度や各種システムが人間中心に組み立てられている北欧諸国では、パブリックスペースに関しても諸外国に比べて「人間のため」という視点がより重視されていると感じる。

　北欧では、人々が憩い、遊び、語らい、自然と触れあうといった行為をパブリックスペースでいきいきと体現している。「人間のための街」を提唱したヤン・ゲールが長年関わってきたコペンハーゲンは、その象徴的な街だろう。同市では「人間のための大都市：2015 年のコペンハーゲンにおける都市生活のビジョンと目標」（2009 年）などの施策に現れているように、人間中心のまちづくりが積極的に実践されている。

個人の自由を大切にしながら、その共存を理想とする社会

　北欧のパブリックスペースでの人々の振る舞いを見ていると、個人が思い思いに好きなことをしながら、多様な人々が同じ空間・時間をうまく享受している。そこには個人の自由を大切にしながら、その共存を理想とする北欧社会の一側面が表れているようだ。そうしたパブリックスペースでの振る舞いを可能にするのは、空間デザインはもちろんのこと、その空間の使い方に関わる制度や社会システムの影響も大きい。また、北欧のパブリックスペースは、高齢者から子供まで幅広い世代の住民に利用され、観光や仕事で訪れた来訪者にもオープンに開かれていると感じられる寛容性も特

徴である。

　北欧の人々は、「自立した個人の共同体」「自分の自由を守るために相手の自由にも
寛容」「他から強制された基準でなく自分自身の基準で過ごせる空間や時間をつくる
ことに長けている」などと言われることが多い。こうした人々の特性は、"自分にとっ
て居心地のよい空間・時間を過ごすこと"を表すデンマーク語の「ヒュッゲ（hygge）」
や、"自分の平和"を意味するフィンランド語の「オマ・ラウハ（oma rauha）」といっ
た、北欧で日常的に使われる言葉にも表れている。

　そして、自分だけでなく他者の幸せを願う気持ちの根底には、「社会民主主義」と
いう北欧社会の考え方があり、それは厳しい自然環境の中で人々が助け合いながら生
きてきた地理的・歴史的経緯によって培われたものである。

計画プロセスへの積極的な住民参加

　北欧の人々の間では、広場や街路などの屋外空間、さらには図書館等の公共施設な
ども含め、「パブリックスペースは皆の財産」という意識が広く共有されているよう
に思われる。そして、パブリックスペースの計画プロセスにも、その意識をうまく汲
み取り反映させる仕組みが組み込まれている。

　そうしたプロセスでは、計画段階で住民に説明がしっかりとなされ、十分な意見交
換と協議を行い、合意が得られなければ進められないシステムが構築されている。街
なかでも開発内容の説明パネルが住民の誰もが目にできる場所に掲示され、通りがか
りの人々が熱心に見ている姿をよく見かける。

　このように計画段階で住民が自分の意見を積極的に表明し、計画側が真剣に受け止
める場を持つことは、住民がパブリックスペースを自分たちの共有財産として捉える
きっかけにもなる。これによりパブリックスペースに対する意識が一層高められ、完
成後の使われ方に大きく影響を与える点でも、住民参加のプロセスは重要であろう。

自然をすべての人々のものとして享受できる文化

　北欧には「自然享受権」という権利がある。土地の所有者に損害を与えない限りに
おいて、すべての人に対して他人の土地への立ち入りや自然環境の享受を認める権利
のことである。北欧諸国に古くからある慣習法で、旅行者にも認められている権利で
ある。

　国によって若干異なる部分はあるが、利用者の権利として、①徒歩・スキー・自動
車により通行できる「通行権」、②テントでの宿泊を含め休息や水浴びのための短期
滞在ができる「滞在権」、③ヨットやモーターボート等の使用・水浴び・氷上スポーツ・
魚釣りなどで自然を利用する「自然環境利用権」、④土地の所有者に対価を支払わず
に野性の果実やキノコなどを採取できる「果実採取権」の４つが認められている。一
方、ごみを捨てたり、周囲の環境や自然を破壊すること、人家の庭や建物に近づくこ
となどにより所有者を煩わせることは禁止されている。

　北欧の人々は、この「自然享受権」のもとで森や水辺などを日常的に利用している
が、人工のパブリックスペースも同じような認識で利用しているのかもしれない。

季節のサイクルを楽しむ暮らし方

　北欧の冬と夏は、環境の差が激しく、その移り変わりも速い。冬は長く、日照時間が短い。太陽の高度は低く、すぐに沈む。しかも、悪天候で暗く憂鬱な日々が続く。一方、夏になると、太陽はなかなか沈まず、天候にも恵まれ、過ごしやすい日々が訪れる。北欧では、短い春と秋を挟みながら、このような夏と冬で極端に異なる環境が繰り返される。

　北欧の人々は、夏が来ると、冬の鬱憤を晴らすかのように屋外に繰り出し、日光浴や海水浴をする人々で賑わう。対して、冬になると、街の景色は一変する。凍結した湖や海は目的地への近道になり、公園や広場にはスケートリンクが登場する。クリスマスの時期には、通りや広場に屋台やツリーが並び、イベントも開かれ、街に賑わいと彩りをもたらす。

　このように、北欧の人々は季節のサイクルに抗わず、それぞれの季節に応じて暮らしを楽しむ方法を編みだしてきた。そうした姿勢は、パブリックスペースの使われ方にも表れているだろう。

新しいアクティビティ・プログラムの導入

　半島と島々で構成されている北欧諸国は、海沿いに立地する街が多い。本書に登場する4カ国の首都も海に面しており、いずれも中央駅から1km圏内で水辺にアクセスすることができ、そこに多彩なパブリックスペースが設置されている。特に近年再開発が進むエリアでは、人工の海水浴場をはじめとする現代的な施設が都市に新たなアクティビティをもたらし、人と自然の新たな関係が生み出されている。

　さらに、近年新設されているパブリックスペースには、柔軟な発想で新しいアクティビティやプログラムを導入し、多くの人々に利用されている画期的な事例も見られる。発電所の屋根の斜面をスキーやトレッキングができるレジャー空間に転換したり、ビルの屋上に農園とレストランを設置したりと、思いがけない場所に想定外のアクティビティ・プログラムが導入されており実にユニークだ。また、荒廃していた工場跡地や治安が悪化していた場所を子供の遊び場に再開発する取り組みも、その一例として捉えられるだろう。

多様なアクティビティを歓迎する行政

　北欧の街路や広場では、オープンカフェや大道芸等のパフォーマーが街にさらなる賑わいをもたらしている。コペンハーゲン市が発行している、パブリックスペースや道路を一時的に使用する際のルールを定めたマニュアル「ストロイマヌアーレン（Strøgmanualen）」の中では、「カフェやレストラン前の屋外公共エリアで1年中食事をすることは大歓迎」と記され、飲食店は簡単な申請で営業ができる。また、「街の歩行者専用道路や広場でのパフォーマンスは大歓迎」とも記載されており、パフォーマンスに関しては一連の簡単なルールに従えば許可は不要とされている。このように市が路上での食事やパフォーマンスを歓迎することで、市は都市の活気を高めることができると同時に、レストランやパフォーマーは集客を見込める場を確保できるという、双方にメリットのある関係が構築されているのである。

　一方、日本の公園や街路では様々な行為が禁止されている。そうした「禁止」を前

提とする日本の現状は、パブリックスペースの可能性を切り捨てているように思えてならない。デンマークの「歓迎（Velkommen）」という言葉は、パブリックスペースに対する考え方や姿勢における日本との大きな違いを象徴的に表すものと言える。

将来を見据えた包括的な取り組み

コペンハーゲンでは自転車利用を促進させる先進的な取り組みが実施されており、世界的にも注目を集めている。その一連の施策は、健康増進、省エネルギー、環境保全、交通渋滞の緩和などの直接的な課題解決に加え、国民の健康増進がやがては保険料や医療費の削減にもつながるといった将来を見据えた包括的な観点で策定されている。また、先述の発電所をはじめ先進的なパブリックスペースを続々と生み出している建築家ビャルケ・インゲルスは、「持続可能な都市は環境にとってより良いだけでなく、市民の暮らしにとってもより楽しい場であるべきだ」と語る。このように、北欧のパブリックスペースでは、諸要素を個別に取り扱うのではなく、様々な分野と組み合わせ、有機的に連携させることで、包括的かつ持続的な効果を生み出している点に特徴がある。それゆえ、北欧の街では、公園、水辺、街路など、どのパブリックスペースを訪れても居心地がよく、街全体が活気にあふれているのだ。

以上、北欧のパブリックスペースの豊かさを支える基盤や背景について概観してきたが、日本の現状と大きな隔たりがあることは否めない。厳しい自然や個人の自由を受け入れる北欧の人々の寛容性、物事を人間を中心として包括的に捉えつつ斬新なものを生み出していく豊かな発想力など、文化や国民性の違いはあるものの日本が学ぶべき点は大いにあるはずだ。本書で紹介する事例から、空間デザインの良さだけでなく、空間の使われ方や人々の振る舞い方、さらにはそれを支える基盤や背景を読みとっていただければ幸いである。そして、日本の良さや特徴を踏まえながら、市民に日常的に愛され暮らしをより豊かにするようなパブリックスペースをつくるために役立てていただければ嬉しい限りである。

参考文献
[04] [05] [10] [12] [28] [29]

注
上記 [ ] 中の番号は、p.172 に掲載している参考文献リストの文献番号に対応している。また、本書に掲載している図版を作成する際に参考にした文献については各キャプションの末尾に [ ] にて文献番号を、建築事務所提供の図面を参考に作成したものについては [A] を、その他の方法により作成した図版については [O] を付記している。

Essay 1
気候・天候と共に暮らす
ディビッド・シム

　北欧の人々は、「天候が悪いのではなく、服が不適切なだけ」とよく言います。

　北欧の人々は衣服だけでなく、季節ごとに、天候に合わせた暮らしを楽しみます。冬にはアイススケートやスキー、夏はガーデンファニチャー、ベランダ、桟橋などで日光浴を楽しみ、田舎の別荘、セーリングボートといった使用する季節が限られた設備やインフラストラクチャーにも投資を厭わない文化が根づいています。そこには、気候のサイクルがはっきりしているので、どんな天候に対してもより大胆かつポジティブに対応していく様が見てとれます。より深いレベルで見れば、こうした行動には、すでに持っているものを活用し、身の丈に合った生活をし、より効率的に物事を行うという国民性が反映されているとも言えます。

　天候と共存していくためには、変化への敏感さと自然への敬意が求められます。世界の中でも北欧は季節の移り変わりが激しい地域ですが、そうした気候の変化に対処することは、地球規模の気候変動という課題とその対処法に対する人々の意識を高めることにもつながっているのかもしれません。

　雪が降る中でサイクリングをするコペンハーゲンの人々の様子を、外国人、とりわけ温暖な地域に住む人々が目にすると大変驚かれます（fig.1）。ひどい天気にもかかわらず、なぜ彼らは外に出てサイクリングをするのでしょうか。その第一の理由としては、コペンハーゲン市が小型除雪機を導入し、車道よりも先に自転車レーンを除雪しているからです。すなわち、冬になって最初に利用できる交通手段が自転車なのです。このように、コペンハーゲンの自転車道路網は、悪天候と思われるような状況下

でも、その利便性と効率性が確保されています。複雑な事象を効率的に処理しなくてはならない現代の生活において、北欧の天候の悪さはそうした対処すべき事象の些事の1つにすぎないのです。

　また、赤ん坊を屋外で乳母車に乗せて眠らせている間に両親が屋内でくつろいでいるという光景は、文化圏の異なる人々には驚きを与えるかもしれません。この習慣は、幼い頃から季節や天候に慣れさせるべきだという北欧の考え方によるものです。それゆえ、保育園の子供たちも、季節や天候に関係なく毎日屋外で多くの時間を過ごします。子供たちは、自然や都市の環境に頻繁に出かけていき、周囲の世界について理解を深め、社会性を身につけていきます。そうして幼少期から屋外で生活する習慣が育まれ、大人になってもそれが引き継がれていきます。

　また、コペンハーゲンを訪れる人々は、住民が水辺で水着姿でくつろいだり、都心に近い港で泳いだりする光景にも驚かされます（fig.2）。内港沿いに新設されたカルヴェボッド・ボルイエ（p.124）は、都市の中心部で海水浴ができる施設の1つです。この施設をつくる前段階で、ヘドロなどで汚染された水質を改善するという政策が実行されました。その成果を受けて、こうした海水浴施設が都市の中心部に次々と新設され、コペンハーゲンに新しい風景が生まれました。都心の水辺では、泳ぐことだけでなく、ゲームやピクニックを楽しんだり、アイスクリームを食べながら日光浴をするなど、普通なら休日に遠方のビーチに出かけて行うアクティビティが、日常生活の一部になったのです。

　しかし、このような人々の暮らしと自然との関わり方はどこから生じているのでしょうか。厳しい気候の中で、なぜ人々は屋外で過ごしたいと考えるのでしょうか。

　北欧の建築とデザインは非常によく知られており、特に日本ではかなり人気があります。木造建築の温かい空間にせよ、イケア（IKEA）のカタログに紹介される陽気な生活にせよ、カンケン（Kånken）のリュックサックの実用的なポケットにせよ、北欧ならではの感覚とはどのようなものでしょうか。それがとても魅力的で、身近に感

じられるのはなぜでしょうか。頭に浮かぶのは、自然・シンプルさ・気楽さ・馴染みやすさ・人間らしさといった言葉です。北欧のデザインライフのエッセンスは、「自然の中の人間性（humanity in nature）」と言い表されるかもしれません。

　歴史的に見ると、地理的にも資源的にも過酷な風土で暮らしてきた北欧の人々は、簡単に富を得ることができず、勤勉でなければ報われない生活を強いられてきました。また、広大な土地に暮らす人口の少なさを考えると、人々が互いに助け合うことは生き残るためには必然でした。こうした歴史的な経緯を見ても、しっかりとした労働倫理が北欧の有用なものづくりの根幹を形成し、公平さ・思いやり・分かち合いの精神が社会民主主義と福祉国家の基盤となったことは驚くには当たりません。

　さらに歴史に目を向けると、北欧のモダニズムのルーツは、土着の建築や民芸に見られます。シンプルな木造の家には、彫刻が施されたベランダと陽気な色で塗られた魅力的な手づくりの木製家具が見られます。貧困と身の回りの材料を実用的に用いる姿勢が、こうした北欧の経済的な美学を生み出したのです。寒く長い冬には、屋内で過ごす時間が非常に長くなることから、人々は生活をより快適にするために素敵な家具や使いやすい日用品を生み出しました。さらに、冬場に暗闇に包まれる北欧では、自然光が重宝され、その取り入れ方にも多くの工夫が見られます。このように、北欧の建築とデザインは、自然素材と自然光という、実生活を成り立たせる上で欠かせない要素を取り入れた結果、生まれたものと言えます。そして北欧デザインに見られる実用性は、詩的なものを生み出すことにもつながっています。

　ここまでの説明の中でまだ明白にされていないのは、本書のテーマでもある北欧デザインにおける屋外生活の重要性でしょう。

　このような寒い国に暮らす人々が、なぜ屋外で多くの時間を過ごす必要があるのでしょうか。北欧の人々が家の中の居心地を良くすることに注力していたことは明らかですが、古い家では屋外のベランダもしばしば木製の手工芸品で装飾されています。夏がとても短いのに、なぜそこまで屋外の居心地を良くしようとしたのでしょうか。

　そこで、スウェーデンの国民的画家カール・ラーションとその妻カリンの家、そして世界中で複製され有名になった彼らの水彩画に、そのヒントを探りたいと思います。スウェーデン語で『A Home（家）』と題された画集は、海外では『Let the light in（光を取り込もう）』というタイトルに訳されていることは重要です。ラーション夫妻の家は窓辺に厚いカーテンはなく、植物で満たされているなど屋外と密接なつながりがあり、彼らの生活も同様でした。ラーションの水彩画は歴史的な絵画ですが、今のイケアのカタログに見られるようなモダンでカジュアルなライフスタイルと、屋外で過

ごすことの社交的な喜びを示唆しています。

　その中でも特に目を引く作品が２つあります。１つは、木の下に置かれた大きなダイニングテーブルを描いた作品で、自然と共に生きる文化と、屋外で過ごす人間の快適さを祝福している崇高な絵画です（fig.3、「大きな白樺の下での朝食」）。この作品には祝いの食事の席を屋外で開催する北欧の人々の習慣が反映されており、同じような感覚はカフェの屋外テラスで食事をとることにも通じるものがあります。もう１つは、川で泳ぐ子供たちの姿を描いた作品で、自然と一体になる快適さが感じられます（fig.4、「水浴に良い場所」）。私にとって、この絵はコペンハーゲンのハーバーバス（p.126）で展開されている風景につながります。

　北欧では工業化が遅れて到来したため、都市化された生活は比較的新しく、人々には田舎での生活の記憶がまだ鮮明に残っており、その感覚を都市に持ち込みました。田舎の湖でなく都市の港で泳ぐことができ、真夏にはチボリ公園（p.80）やクロイアーのファミリーガーデン（p.90）で食卓を囲むこともできます。近くの森でキノコやベリーの採集に勤しんだ人々は、身のまわりに食べ物があることは当たり前で、これは、ローカルの素材に着目し北欧料理に新しいムーブメントを起こしたレストラン、ノーマ（NOMA、fig.5）の出現や、ウスタグロ屋上農園（p.92）の風景に関係しているように思います。天候に関係なく屋外で過ごすことに長けた人々は、晴天が貴重な贈り物であることを知っており、晴れた日にはそれを最大限に活用します。

　北欧の諸都市では、屋外で腰を下ろす、歩く、サイクリングする、泳ぐといった他の文化圏なら休日にしかできないであろう活動を日常生活の一部として楽しむことができます。本書ではそうした屋外のパブリックスペースとそこでの人々の振る舞いを紹介していますが、屋外で人と共に過ごすこと、自然の中に身を置くことが、人間の生活にいかに不可欠であるかを理解してもらえるでしょう。

5

Essay 2

ウォーターフロントの再発見
ディビッド・シム

ウエスタンハーバー地区

　スウェーデン第3の都市マルメでは、重工業地帯だったウエスタンハーバー地区（p.112）が住宅地に再開発されたことで、それまで目を向けられていなかったウォーターフロントの価値が再発見されました。その契機となった住宅展示会 Bo01 では、歩行者専用の遊歩道「スンスプロメナーデン（Sundspromenaden）」が設置され、地区にリゾート地のような雰囲気をもたらしました。現在は市内で最も重要なパブリックスペースとも位置づけられ、同地区で最も人気のある空間の1つです（fig.6）。

　多機能な階段状の壁面、防風壁、風除け、種々の座席、遊び場、舞台、キャットウォーク、日光浴用のデッキ、展望台などの諸要素が、エーレスンド橋で結ばれた対岸のコペンハーゲン、さらにその向こうにカストラップ空港を臨む海沿いに連なり、それらすべてが組み合わさって壮観な景観を形成している点が、その特徴と言えるでしょう。

　さらに、隣接するスカンニア公園には、防風の囲いが、やや季節外れになっても屋外に座って日光浴ができる場を提供し、プラットフォームと海中へと続く階段・はしごにより海水浴もしやすくなりました。さらには、海底の危険な岩を取り除くことでダイビングが可能になり、遊歩道の端にある壮大な展望台は飛び込み台としても利用されています。

　スンスプロメナーデンには、近隣住民だけでなく、市内や周辺地域からも多くの人が訪れます。マルメには他に大規模なビーチがあるにもかかわらず、たとえ混雑して

12

いても多様な年齢、民族、社会・経済的背景を持つ人々が連日やってくるほどの人気ぶりです。これは、都会で他者と自然を共有するという経験を多くの人々が欲していることの現れだと思います。

　BoO1 の 2 年前、ヘルシンボリで別の住宅展示会 H'99 が開催され、マルメと同じく同市の工業港は魅力的な居住地域に生まれ変わりました。 H'99 は、水辺に近接して集合住宅で暮らすことの価値を人々に再認識させるきっかけとなり、一戸建ての暮らしに代わる選択肢を生み出しました。

　この計画は、デンマークの建築事務所ヴァンクンステン（Vandkunsten）が作成したものです。一見風変わりにも見える形に配置された集合住宅では、どの住居からも海が見えるようにわずかに角度が付けられています。また、高台に設置された中庭にはフェンスや壁がなく、高低差を利用して居住者のプライバシーが確保されています。さらに、水辺に住民以外にも開かれた遊歩道が整備されたことで、一般の人々がアクセスしやすくなり、それに伴ってレストランやカフェが繁盛し、住宅地がより都会的な雰囲気になったのです。

アマー・ストランパーク

　コペンハーゲン郊外のアマー・ストランパークは、埋立地に建設された全長 2 km に及ぶ水辺の公園です（fig.7）。大空の下に広がるビーチには、様々な施設が設置されており、屋外のレクリエーションや交流の場を提供することで、多様な人々を惹きつけています。ここには公共交通機関で簡単にアクセスでき、円形に美しくデザインされた海水浴用の桟橋カストラップ・シーバス（p.131）が最大の見所となっており、ここでひと泳ぎするだけでも訪れる価値のある場所です。

ベルヴュー

　こうした人工的な水辺空間が生まれるきっかけとなった事例が、コペンハーゲンの

7

北郊で 1930 年に開発が始められたリゾート地のベルヴューです。コペンハーゲンから近郊列車（S-tog）で容易に行けることから、この地は人々が海へ出かけることを一般化しました。開閉可能な屋根のある劇場をはじめとして、デンマークの建築家アルネ・ヤコブセンによる画期的な白色の建築があることでも有名です。夏の夕暮れ、ショーの終わりとともに閉ざされた劇場の屋根が開き、涼しい夜風と星空に開放される瞬間には、「天候と共に生きる」ということを実感する、至高の体験ができます（fig.8）。

　なかでも目を引くのが、ヤコブセンが設計した監視塔が象徴的なベルヴュー・ビーチ（p.130、fig.9）です。風が遮られた中庭では、ほぼ年間を通して日光浴を楽しむことができます。また、桟橋と階段が海へのアクセスを容易にしています。海水浴後に浴びるシャワー、ビーチスポーツのための施設、防風と日陰のための樹木が茂る広々とした芝生、キオスクと公衆トイレ、大きな時計も設置されています。これらすべての要素が、1 年中海水浴を楽しむ人、日光浴好きのヌーディスト、ビーチバレー愛好家、パーティーやピクニックを開催する若者グループ、屋外で賑やかに食卓を囲む移民の大家族など、年齢も背景も様々な人々を魅了しています。

　ベルヴューの成功は、そこで滞在を楽しめる様々な配慮と多彩な空間によりもたらされました。そこではプライベートな空間とパブリックな空間の明確なゾーニングがなされ、また、日向と日陰、風から守られた空間とそよ風が吹き抜ける空間のように自然の諸要素に対しても開く／閉じるデザインが明確に意図されています。こうした気候や天候に対する寛容さと敬意にあふれ、密度と多様性を考えられた空間に、多くの人が惹かれるのでしょう。

Essay 3
都市と自然を緩やかにつなぐ庭園
ディビッド・シム

　デンマークは他の北欧諸国に比べ国土がかなり小さく、自然もはるかに少ない国です。首都コペンハーゲンは、ストックホルム、ヘルシンキ、オスロとは対照的に、広大なオープンスペースにすぐにアクセスすることができません。ですが、デンマーク人は他の北欧の人たちと同じように屋外で社交する暮らしを楽しんでいます。他国との違いは、屋外での体験の多くがより都会的で、建築とデザインの力がより強調されている点にあるでしょう。

チボリ公園
　チボリ公園（p.80）は、コペンハーゲンの中心部にある世界有数のテーマパークで、中央駅に隣接し、公共交通機関はもちろんのこと、徒歩や自転車でもアクセスできます。パリのディズニーランドと比較すると、入場者数は35%、アトラクションの数は半分ほどですが、面積はわずか5%で、非常に密度が高く、驚くほど多様です。周辺部とつながり、閉園期間中でも外周部の建物が通りに面しているため、周縁部にも活気が生み出されています。地上に加えて1階上（上層階）と1階下（地下）にアクティビティを重ねるという都市的な手法を採用することで、アトラクション間の平均距離は15mに設計されており、パリのディズニーランドの340mに比べてかなり短くなっています。
　園内には、乗り物に加え、洗練されたバレエやパントマイム、ジャズやロックのコンサート、ショップやスロットマシン、菓子や軽食の屋台から本格的なレストランに至るまで、幅広い人々にアピールする多様なアクティビティとプログラムが用意されています。また、時間帯によってさまざまなアクティビティが行えるようにタイムスケジュールが細かく管理されています。こうしたハードとソフト両面の工夫によって、年齢層、社会的・経済的背景の違いを問わず、家族や仲間との外出、ロマンチックなデートなど、多様な目的で訪れる人々を歓迎できる場となっているのです。
　さらに、チボリでは季節ごとのアクティビティにおいて天候を最大限に活用しています。近年は、ハロウィンやクリスマスをテーマにして暗さと寒さを最大限に活用し、好評を博しています。

クロイアーのファミリーガーデン
　クロイアーのファミリーガーデン（p.90）は、広大な公園であるフレデリックスベアガーデンの端にある私設の「ファミリーガーデン」です。ここでは大きな公園に向けて開かずに塀で囲うことで、外部の交通渋滞の騒音から遮断され、デンマーク特有の「ヒュッゲ（hygge）」と呼ばれる、親密で心地良い雰囲気を醸す場が実現されています。
　一方で、チボリ公園と同様に、この小さな建物の周縁部は、活気ある大きな公園へ

続く通りとも重なっています。内部には、ガラス張りの壁、ベランダ、パーゴラを備えた様々なサイズの建造物があり、天候の微妙な変化や、日向を好む人や日陰を好む人など個人の嗜好や耐性の違いに対応しています。また、宴会にも使える長テーブルとベンチなど多様な家具が設置されており、1人客・カップル客・グループ客と人数に応じて座席を選ぶこともできます。

　少し古風な雰囲気も漂うファミリーガーデンは、食べ物・飲み物・音楽の3つを軸に行き届いたサービスが提供されており、都会の人々を屋外へと誘うことに一役買っています。

ルイジアナ美術館

　コペンハーゲンの北に位置するルイジアナ美術館（p.84）は、北欧を代表する名建築の1つに数えられるでしょう。この美術館では、周囲の環境を取り込みながら文化と自然の2つの体験が融合されています。全体構成としては、チボリ公園やフレデリックスベアガーデンのように軽快なパビリオン状の建物が敷地の周囲を巡るように端に配置され、控えめながらも効果的な囲いを形成することで周辺環境から遮断しつつ、中央部の重要なオープンスペースをなるべく大きくとるよう設計されました。ガラス張りの明るい回廊が、生い茂る木々の間を縫うようにジグザグに曲がり、癒しを与える遊歩道が生み出されています。また、地下空間と切り取られた景色を巧みに重ねることで、実際には非常に限られた場所であるのに広大な空間があるような錯覚を与える手法も見られます。

　さらに、バラエティに富んだ建築空間と庭を配することで、多様で複雑な屋内・屋外、さらにはそれらの「中間領域」が形成されています。建築材料と芸術作品を組み合わせて建物の内外を関係づける手法は、しばしば外部の庭の木々や植物と直接接しているような錯覚を生み出し、それらが芸術作品と等しく重要であるかのような印象を与えます。また多数のドアが各所に設置されていることで、来館者は本館の内外や

10

ベランダを自由に行き来でき、大きく張り出したモダンな庇の下では屋内外の境界線に佇みながら、荒天であっても心行くまで天候を体感することができます。

　最大の見所はカフェテリアで、目の前には海と大空が織りなす雄大な景色が広がります。そこには、造りつけのソファと暖炉による心地良い設えと飲食しながら交流を楽しめる社交的な雰囲気が醸成されています（fig.10）。

　このように、ルイジアナ美術館では、芸術と建築、自然と人工物、内と外、鑑賞と交流、散策と憩いの機能が並列されています。北欧の最も過酷な天候の中で自然と出会いながら、居心地の良い環境で上質な芸術に触れる、都市生活の喧騒から逃れたくなったら訪れたい格好の場所です。なお、小さな桟橋とビーチも併設されており、海水浴を楽しむことも可能です。

コンエンス・ハーヴェ

　コペンハーゲンの旧市街地の端に位置するコンエンス・ハーヴェ（王の庭）は、フォーマルな空間ですが、非公式なアクティビティにも頻繁に利用されています。大きな庭園には大小の様々な空間が配されており、芝生と砂利、各種の花壇、生け垣、彫像、彫刻などの多様な要素が混在しています。また園内が小さな空間に細分化されていることにより、住民にとって魅力的な場が多数形成されています。一方、公式に開催されるイベントとそれ以外のアクティビティとのバランスもとれています。こうした空間と活動の多様性は、幅広い利用者を惹きつけ、公園はいろいろな社会的背景を持つ人々を統合する場所としても機能しています。

　この庭園の最大の特徴は、周辺部に建ち並ぶ古典的な16の小さなパビリオンです。これらのパビリオンでは、芸術家や職人の創作活動、店舗や各種サービス、さらには人形劇など、様々なサービスや機能が展開されており、公園と周辺の通りとをつなぎ、利用者が散策する時間を豊かなものにしています（fig.11）。

11

ヴェネルストのコロニーガーデン

　一般的な市民農園は食料生産を目的としていますが、「コロニーガーデン」と呼ばれるデンマークの市民農園では喜びが第一の生産物です。コペンハーゲンで最初に建設されたヴェネルストのコロニーガーデン（p.88）は、活気のない通り沿いに建つ小さなアパートと暗い中庭での過密で閉鎖的な生活環境を改善するために生まれました。

　生け垣によって周辺から遮断されたコロニーガーデンには、居心地の良い屋外空間が形成されています。牧歌的とも言える園内では、小さな家も庭と同様に重要なものです。コロニーガーデンは、家と庭、人工物と自然が計画的に並置されており、自然を身近に感じる暮らしを堪能できます。

　コロニーガーデンでは、小ささと個性が讃えられます。小さな庭の門から小さな家、そこに付属するベランダや温室に至るまで、すべてがミニチュアのようです。

　それぞれの庭は借主の個性が反映されていますが、どの庭も生け垣で囲まれているため、隣庭との違いは気にならず、個々の庭の集合が農園全体のアイデンティティを緩やかに形成しています。また、利用者の交流にも配慮されており、パーティーやがらくた市、演劇といったアクティビティを楽しむことができる共有の広場や野外ステージなども整備されています。

　プライベート空間と共有空間を明確に分けることは、人々の行動に社会的な秩序をもたらします。また、個性と小ささによって親密さと居心地の良さが生まれ、利用者同士で共有する空間が共通のアイデンティティとコミュニティを創出します。

　現在、ヴェネルストのコロニーガーデンは、入居希望者が40年待ちと言われるほどの人気を誇ります。この状況は、100年以上前に始められた取り組みが今なお都市居住者の暮らしと深く関わっていることを示すものだと言えるでしょう。

屋外に人を誘う仕掛け

　以上に紹介した5つの庭園に共通しているのは、囲いを巧みに使用して、都心や郊外にありながらも空間と自然の豊かさを感じさせるとともに、可能な限り多様な使い方を実践していることです。どの庭園も、都会に住む人々と自然を穏やかかつ快適な方法で結びつける体験を提供し、多様な人々と交流できる体験が人々を屋外へと誘っているのです。

Essay 4

ヤン・ゲールの都市改善のアプローチ
ディビッド・シム

　コペンハーゲンは、世界で最も住みやすい都市の1つであるとよく言われます。その住みやすさは、街なかでの体験、生活の質の高さ、歩きやすさ、時間の過ごしやすさ、公共の場が社交的であること、そして移動手段や都市施設の便利ななど、日常生活のしやすさに基づいています。

　コペンハーゲンに見られる人間中心のまちづくりのきっかけとなった取り組みが、同市の目抜き通りであるストロイエ（p.24）の歩行者天国化です。コペンハーゲン市は、ドイツの都市の再開発に触発されて、買い物客で賑わうクリスマスに一時的に自動車を通行止めにする実験を行った上で、1962年にストロイエを完全な歩行者専用道路にしました。当初、通り沿いの店主らは車のアクセスが失われること、デンマークの悪天候、公共空間を利用する文化がまだ浸透していなかったことを懸念していましたが、ストロイエはスタート時から成功を収めてきました。車の通行がなくなったことで、より静かで清潔かつ安全な空間が生まれ、まったく新しい街の使い方ができるようになったのです。ここで重要なのは、パブリックスペースの質が向上したことにより、通り沿いの店舗やレストランの商業活動が活発化し、市内中心部の他の通りにも歩行者優先の取り組みが波及し、やがて他国の都市でも自動車交通より歩行者を優先する道路政策にシフトするようになったことです。

　コペンハーゲン出身の建築家ヤン・ゲールは、ストロイエの歩行者天国化を実現させた人物として語られることがありますが、それは正しくありません。彼は1960年代後半に建築家の資格を取得しましたが、環境心理学者であった妻のイングリッドの影響を受けて、建築環境における人間の行動に関心を持つようになりました。そして、イングリッドとともにイタリアの広場での人々の生活を半年間にわたり研究し、人間の行動を調査するための観察・測定ツールを共同で開発しました。その後、コペンハーゲンの王立アカデミーで教鞭をとるようになると、今では伝説となっているストロイエの調査を開始し、1年間にわたって毎週火曜日に路上に立ち、人々の空間利用に関するデータを収集しました。

　ゲールは、人の数だけでなく、彼らの行動を観察し、どのような要因が行動に影響を与えるのかを分析しました。ストロイエはすでに歩行者専用道路でしたが、分析を進めるなかで歩行者の数にはそれほど意味がないことに気づきます。それよりも重要だったのは、人々が立ち止まり、滞在し、座るタイミングでした。そこで彼は、立ち止まり、滞在し、座るという行動が、その空間での人々の体験の質に左右されることを発見したのです。そして、ストロイエをはじめとする市内中心部の通りが商業地であったことから、この発見が同市の経済的繁栄にも関わることもすぐに理解されるようになりました。

　続けてゲールは、何が人々の行動に影響を与えているのかを明らかにするため、いくつかの簡単な観察を行いました。例えば、人々が座りたがる場所を観察するなかで、

快適な微気候が非常に重要な要因であることを見抜きました。コペンハーゲンでは、風から守られ日射しを浴びれることが重視されるのですが、こうした特質を備えた場所は、そうでない場所に比べてはるかに人気が高く、長期にわたって利用されることになります。また、人は座っている間に何かを眺めることを好み、なかでも他人をよく眺めることに気づきました。そして、天候や人間の観察行動に基づいた座席の配置が、座席そのもののデザインよりもはるかに重要であると結論づけたのです。実際のところ、微気候と眺めが良好でない場所に設置された椅子と、微気候や眺めが良好だが椅子のない地面の2つの選択肢が与えられたなら、いくら前者の椅子のデザインが優れていたとしても多くの人が後者の地面に座ることを選ぶでしょう。今となっては常識のように思える事実かもしれませんが、当時は誰もこのようなことに着目しておらず、画期的な発見だったのです。

　また、ゲールは公共の座席（無料）とカフェテラスの座席（有料）とを観察し、人は誰もいない無料の座席よりも、人を眺められる有料のカフェの座席に座る傾向があることを見いだしました。またここで注意したいのは、有料の座席だけでなく、無料の座席が併せて別に用意されていて、どちらの座席にも座れることです。異なる経済的背景を持つ人々など、すべての人々が共存できる都市空間は、民主的な社会の現れでもあります。

　こうしてデータを収集するだけでも、新たな知見を得られる可能性があります。テーブルと椅子に関しても、データを分析するだけで新たな行動と変化する行動について理解を深めることができます。コペンハーゲンの歩道にテーブルと椅子が並べられるようになった当初、オープンカフェが多い南欧に比べて夏が短いデンマークでは、屋外で過ごせる期間はかなり短く、7月の数週間にも満たないだろうと見込まれていました。しかし、カフェのオーナーと顧客は、たとえ天気が良くなくても外に座ることがとても楽しいことを発見したのです。

　屋内に比べ、屋外には眺めたり体験したりできる対象がより充実しています。厳し

い気候や天候のときに屋内で過ごすことを強いられる人々にとっては、屋外で多少の雨風にさらされるのは平気ですし、寒い時期は厚着や毛布で防寒し、太陽が照りつける時期も日射しを待ち望んでいる人々は積極的に屋外で過ごします（fig.12）。ですから、屋外でほぼ年中食事ができることが理解されるのに、それほど時間はかかりませんでした。コペンハーゲンでは、歩道に椅子とテーブルを出すことに市が許可証を発行していますが、その記録によると、屋外で過ごすシーズンは年々長くなっており、テーブルと椅子の数も増えていることがわかります。

コペンハーゲンにおけるオープンカフェを巡る経緯は、伝統的文化における気候変動対策とも言える出来事であり、すでにあるものと共存していくことを学んだ物語とも言えます。このオープンカフェの場合、すでにあるものは天候です。コペンハーゲンの人々は、自分たちがさらされてきた気候が思っていたよりも良いものだったことを発見し、屋外での暮らしを体験するためにわざわざ南欧まで旅行する必要がないことに気づいたのです。

さらに、コペンハーゲンでは、テーブルや椅子と同じように、店外の歩道に商品を並べる伝統があります。これにより、眺めたり体験できる要素が増え、通りを歩くことが一層楽しくなります。ゲールは、この現象を「ソフトエッジ」と呼んでいます。そしてここでも、街での楽しい経験と経済活動がつながっていることを見いだせます。

通りに置かれたテーブルや椅子、商品は、人々の空間の使い方に影響を及ぼします。ゲールの観察とそこから得られた知見は、コペンハーゲン中心部においてパブリックスペースのネットワークを継続・発展させていく手法を生み出し、さらには適切な道路整備を進める上で大きな役割を果たしました。

過去30年間で、コペンハーゲンの歩道は広くなり、歩道と車道の間に自転車専用レーンが敷設されることで、歩行者の安全が確保され、より快適に楽しく街を散策できるようになりました。こうした継続的な改善により、路上に滞在する文化が定着し、歩道で食事を提供するカフェやレストランもますます増えています。すでにあるものを最大限に活用することで、人々の暮らしや交流のあり方を変え、同時にビジネスにつなげることもできるのです。

言うまでもなく、ここに紹介したストロイエとストリートファニチャーの活用は、コペンハーゲンの住みやすさを語る上ではある一部分にすぎません。現在発展を遂げているコペンハーゲンの自転車まちづくり（p.48）も、同市の住みやすさを高めている重要な要素の1つに数えられます。今日では、車道や歩道から独立した自転車専用レーンが整備され、幅広い年齢の人々が市内を安全に自転車で走ることができるようになりました。一方で、団地の裏庭を再開発し、緑あふれる広大な庭園に改修する取り組みにより、子供を持つ家族を取り巻く状況も一変しています。

ゲールはまた、歩行者専用道路の建設やベンチの導入、自転車専用レーンの設置、植樹などが、かなり安価で実践できる上に、多くの人々の日常生活を改善できると指摘しています。彼は非常に話が上手で、自身の考えをわかりやすく、しかも面白く話すことができる才能を持ち合わせています。ゲールは、今ではコペンハーゲン市の顧問を務め、同市の変化を発信する大使となっているだけでなく、ゲール建築事務所での活動や著作を通じて彼のアプローチは世界中の多くの都市で採用されています。

（翻訳：小泉 隆）

Street & Linear Park
ストリート・線形公園

近年、車に支配されていた街路を歩行者空間に再編する動きが世界的に増えている。歩行者のための街路においては、単に通過する場ではなく、散策・休憩・語らい・買い物など多様な機能やアクティビティを併せ持つことが歩行体験を楽しくする。そうした楽しみを提供してくれる、街路と公園が融合した線形公園は、街路よりもゆっくり滞在でき、多様な使われ方が期待できる。

　歩行者専用道路や線形公園のデザインにおいては、周辺の車道等との関係およびそれらとの境界の扱い方が重要となる。車道を減らして歩道を広げた街路、車道に挟まれながらも歩道との境界をうまくデザインし、内側に守られた線形公園を設置した街路など、そのタイプは様々である。また、硬い舗装か柔らかい芝生や土かといった素材の使い方、ベンチ・遊具等のストリートファニチャーや植栽の配置、さらにはその場所の微気候などがアクティビティの誘発を大きく左右するが、日照を主要な手がかりとして形状が決められた街路には北欧らしさが感じられる。

　なお、本書では街路や広場の断面的なプロポーションをD/H（幅／高さ）で適宜記している。これは街路や広場における空間の囲われ感（囲繞感）や親密度などを表す指標で、タイプによってはその数値だけで一律に比較できないところもあるが、ヨーロッパに伝統的な囲われた空間を評価する上で重要な指標の1つに数えられる。特に北欧では、囲われた度合いが空間の質のみならず、強風といった自然環境からの防御にも関わっている。

ストロイエ

デンマーク・コペンハーゲン
1962 年

名称　：Strøget
開設年：1962
所在地：Copenhagen, Denmark

　コペンハーゲンの市庁舎広場からコンゲンス・ニュートーフ広場に至る全長約 1.1 km の通りと複数の広場からなる歩行者専用のショッピングエリア。通り沿いには、ブランド店から雑貨店、高級レストランから庶民的なケバブ屋まで多種多様な店舗が建ち並ぶ。オープンカフェも点在する路上では、大道芸等も披露され、常に賑わいにあふれる。住民から観光客、子供から大人まであらゆる人々が集うこのエリアは、「人間中心の街」と形容されるコペンハーゲンを象徴する場所とも言える。

　このストロイエは、同市で初めて開設された歩行者専用道路で、その成功が契機となり同様の道路が多数設置された。ストロイエの改修は、戦後にドイツで考案された歩行者専用道路に触発され、市が 1950 年代にクリスマスの数日間、車に占拠されていた道路を通行止めにする実験を行ったことに始まる。その後 1962 年に歩行者専用道路に改修されたが、搬出入用車輌がアクセスできないことや商売に悪影響が及ぶことを懸念した沿道の店主からは反発の声が上がった。ところが、車が

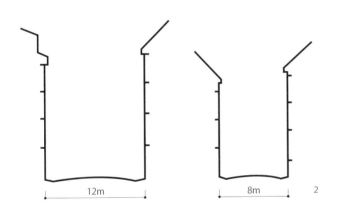

12m　　　8m

2

1　歩行者で賑わう通り
2　ストロイエおよび周辺街路の断面概略図 [O]
3　デパート・イルムから見たアマートーフ広場
4　1956 年のコンゲンス・ニュートーフ広場

排除されたことで静かで清潔・安全になったとエリアの質の向上が評判を呼び、結果として人を呼び込むことにつながり、優れた取り組みとして認められることとなったことから、さらに周辺地域へと歩行者専用化の取り組みが広がっていった。

こうしてストロイエから始まった歩行者専用道路設置の取り組みは、大きく3つの段階を踏んで形成されている。1960〜80年の第一段階では、歩行者専用もしくは優先街路の拡大が図られ、続く1980〜2000年の第二段階では、時を過ごす場づくりとしてカフェや広場等を増やすことに重点が置かれた。さらに、2000年以降の第三段階には、スポーツや遊びの増進がテーマに掲げられている。

その結果、1962年時点で約16000 m²だった歩行者専用道路・広場の面積は、1973年には約49000 m²に拡大し、1988年に約66000 m²、1992年に約83000 m²、そして1996年には約96000 m²と、当初の6倍以上にまで増加している。また、街で時を過ごす人の平均数（夏季平日の午後）も、1962年から1995年の間に3倍に増えた。加えて、内港周辺にも歩行者専用道路が設置され、回遊性が向上されている。

ストロイエの通り沿いの建物に関しては、19世紀後半から20世紀初頭に建てられたものが大半で、

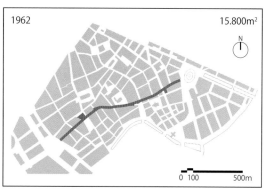

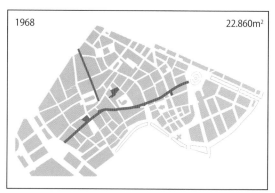

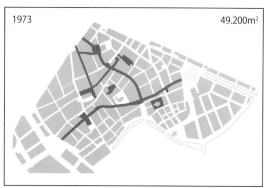

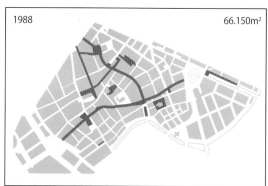

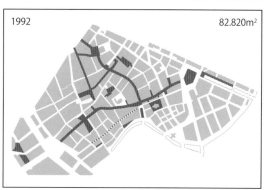

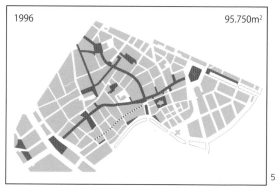

最も古い建物になると 17 世紀初頭にまでさかのぼる。その多くが 4 〜 5 階建ての建物で、街路幅 D と建物高さ H の比 D/H は 0.6 〜 0.8 程度と親密な印象を与える囲われ感があり、その囲われ感と開放的な広場との対比が街歩きを豊かにしている。

現在、ストロイエの通りには路地やパサージュ（アーケード式の商店街）などの多様な街路や広場が接続されており、エリア全体で回遊性が生み出されている。またストロイエ沿いの建物では、地上階のみならず、屋上や上階のテラスからも通りとのつながりが感じられる。老舗デパートの 1 つであるイルムの屋上テラスは、ストロイエの賑わいを望むことができる格好のスポットだ。

デンマークでは、歩道と建物との間のスペースをカフェや商品の陳列に使用する伝統があり、路上を楽しむ文化を育む上で重要な役割を担ってきたが、今も変わらずカフェやレストランはますます増えているという。路上での営業に関しては、市への申請が必要だが、無料で容易に許可が降りる。

また路上での大道芸等のパフォーマンスについても、市は歓迎しており、エリアの活気を高めることにつなげている。一方、演者としてはパフォーマンスの場が得られる機会となっており、双方にメリットのある関係性が構築されている。見物料を徴収しない、アンプを使用して大きな音を出さない、1 時間に 1 回少なくとも 100 m 離れた場所に移動するなどの一連のルールを守れば、許可は必要ない。

こうしたストロイエでの取り組みに対して、禁止事項の多い日本の道路や広場の事情を顧みると、パブリックスペースに対する意識や文化の違いを強く感じざるをえない。それは、同市の施策に見られる「歓迎（Velkommen）」という言葉にも象徴的に表れている。「人間中心のまちづくり」の始まりの地とも言えるストロイエの賑わいから学ぶべきことは多々あるだろう。

5　コペンハーゲン中心部の歩行者専用道路・広場の変遷（1962 〜 96 年）[04]
6　ホイブロ広場のオープンカフェ [04]

7　路上で披露されている大道芸
8　パサージュ
9　デパート・イルムの屋上テラス
10　デパート・イルムの屋上テラスから通りを望む

ヴェスター・ヴォルドゲード通り

デンマーク・コペンハーゲン
2013 年

名称　：Vester Voldgade
設計者：Cobe, Hall McNight, GHB Landskabsarkitekter
開設年：2013
所在地：Copenhagen, Denmark

コペンハーゲン中心部、ジャーマーズ広場から内港へと続く全長約1kmの大通り。通り沿いには、市庁舎広場を含む3つの広場が点在する。

改修にあたっては、かつて4車線あった車道が2車線に削減され、日当たりの良い北側に幅員約10mの歩行者空間が確保された。植栽が施された各所にはカフェテーブルやベンチなどが設置され、人々の憩いの場となっている。加えて、近隣の学生が卓球を楽しむなど、多様な路上のアクティビティも見られる。一方、日の当たらない南側は、歩道と自転車道に充てられ、建物に面する部分は駐車・駐輪スペースとして使用されている。

通りには、場所に応じて舗装材やストリートファニチャーが変化する多彩なデザインが施されている。カフェなどが多い市庁舎広場付近ではシックな茶系の素材が用いられているのに対し、オレンジ色や赤茶色の建物が建ち並ぶ内港付近のエリアでは、愛らしい水玉模様の舗装やパンチングメタルのベンチなどが周辺環境と調和し、ほのぼのとした雰囲気を漂わせる。

日当たりをもとにデザインされたこの街路は、北欧らしい公共空間の1つに数えられるだろう。

1　北側に歩行者空間、南側に駐輪場が配された内港エリアの通り
2　断面図 [05]
3-4　内港付近のエリアの風景
5　内港付近のエリアに設置されたパンチングメタルのベンチ
6　市庁舎広場付近のサークルベンチ
7　鳥瞰全景
8　配置図 [19]
9　市庁舎広場付近のオープンカフェ

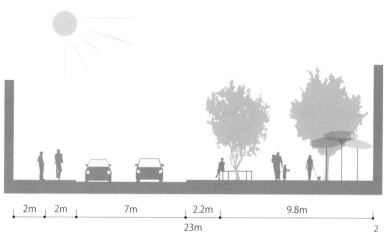

2m | 2m | 7m | 2.2m | 9.8m | 2

23m

3

6

4

5

7

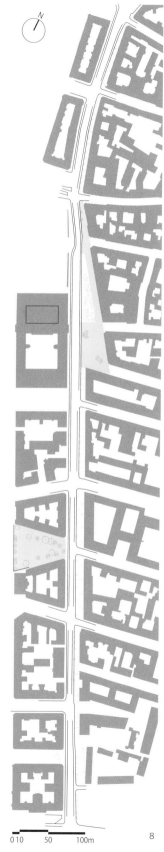

0 10   50   100m

8

スナ・ブレヴァード通り

デンマーク・コペンハーゲン
2009 年

名称　：Sønder Boulevard
設計者：SLA
開設年：2009
所在地：Copenhagen, Denmark

1847 年にデンマークで最初に開通した鉄道の廃線跡を活用し建設された全長約 1.3 km の大通り。コペンハーゲン中央駅に隣接するハルムトルヴェット広場から南西のカールスバーグ地区へと続く跡地は、車の往来が多く、かつては「ヨーロッパ最大の犬用トイレ」と言われるまでに荒廃した場所であったが、1999 年から改修が始まり、2009 年に完成した。その計画立案には住民も積極的に参加している。

19 世紀後半から 20 世紀初頭に建てられた典型的な 5 階建て住宅が並ぶ大通りの改修では、車道を狭くし、その削減分で生まれた中央部分に公園が設置された。緑豊かに生まれ変わった園内には、様々な遊び場や遊具、バスケットコートなどの各種運動場のほか、BMX 用のトラックも配されている。また、ハーブの庭をはじめとして、植生に応じた多様なセクションを設ける工夫も見られる。

地域の幅広い層の人々が訪れる場となった現在では、古本や古着などを持ち込めるキオスクが設置されるなど、住民活動にも活用されている。

この公園の設置により周辺エリアの資産価値は大きく上昇しており、その点ではジェントリフィケーションの好例とも言えるだろう。

1　鳥瞰全景
2　緑あふれる園内
3　バスケットコート
4-5　園内に設置された遊具
6　古本が並ぶキオスク
7　断面図［05］

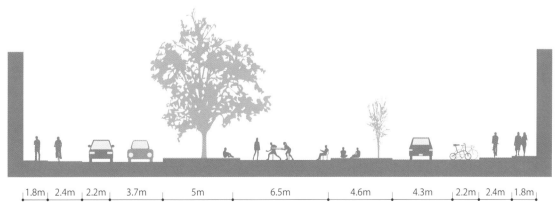

| 1.8m | 2.4m | 2.2m | 3.7m | 5m | 6.5m | 4.6m | 4.3m | 2.2m | 2.4m | 1.8m |

36.9m

7

コペンハーゲンの歩道のシステム

コペンハーゲンの一般的な街路は、沿道の建物、歩道、自転車道、車道のそれぞれの境界が明確にされており、その構成も明快である。

歩道部分に注目すると、建物の壁際は伝統的にテーブルや椅子を並べてカフェに使用したり、商品の陳列に使用されることが多い。なかには、道路にテーブルを固定しているカフェも見受けられ、その大らかさにもデンマークらしさが感じられる。一方、ドアや窓のない壁際は、駐輪場として活用されているのが一般的である。

舗装の材料とモジュールに着目してみると、多くの場所で幅約600mmのコンクリート平板と約100mm角の花崗岩が用いられており、それらを組み合わせることで約600mm幅の単位が路面に現れるように構成されている。そして、この歩道のデザインにより、人々の歩行や行動、壁際の使用がうまくコントロールされている。

さほど広くない街路では、カフェや商品の陳列などに使用される建物際のスペース幅は600〜1200mm程度が多く、600mmのモジュールが目安にされていることがわかる。また、600mmという寸法は大人1人が通れる幅でもあり、歩行者1人分のレーンが舗装によって明示されていることにもなる。そのため、歩道が2レーンある場合には、行き違う人がそれぞれに右側のレーンを歩くことになり、自然に右側通行が誘導されている。このように、コペンハーゲンの歩道では、舗装材料とモジュールをもとに合理的なデザインがさりげなく施され、システム化されている。

また、街路沿いの建物の壁面に目を向けてみると、犬のリードフックや自転車の空気入れなどを見つけることができる。私有の建物の外壁でありながら公共に開放されている点に、日本との意識の違いが感じられる。

1 コペンハーゲンの一般的な街路の断面模式図［O］
2 車道・自転車道・歩行者道の構成
3 カフェの屋外席
4 道路に固定されたカフェテーブル
5 商品が陳列された店先
6 建物外壁に設置された犬のリードフック
7 建物外壁に設置された自転車の空気入れ

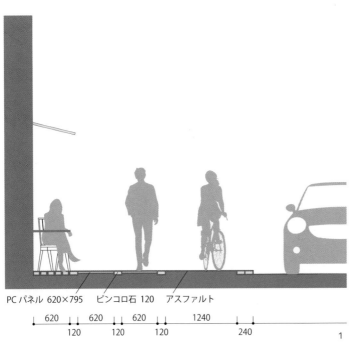

PCパネル 620×795　ピンコロ石 120　アスファルト

620　620　620　1240
120　120　120　240

1

エスプラナーディ

フィンランド・ヘルシンキ
1818 年

名称 ：Esplanadi
設計者：Carl Ludvig Engel
開設年：1818
所在地：Helsinki, Finland

「遊歩道」を意味する名前がつけられたヘルシンキの線形公園。エロッタハ広場とマーケット広場を結び、主要な街路であるマンネルハイム通りと連結されている。

公園の北側と南側には、ポジョイセプラナディ（北エスプラナーディ）通りとエテレスプラナディ（南エスプラナーディ）通りが並行しているが、通りとの境界は幅広の歩道とされており、沿道にはオープンカフェなどが建ち並ぶ。公園に入ると、両サイドに芝生のエリアが広がり、その間を土の遊歩道が続く。以上から、外側から内側に向けて「建物ー歩道ー車道ー歩道ー芝生ー遊歩道」という層状の全体構成が見えてくる。また、土と芝生という自然の素材でつくられている点も特徴で、夏場には芝生でくつろいだりピクニックを楽しんだりする人たちであふれかえる光景が見られる。

この公園は、ヘルシンキに首都が移転する際に同市の都市計画の責任者として招聘されたドイツ人建築家カール・ルードヴィグ・エンゲルの設計によるもので、1818 年にオープンした。その後 1827 年には、同じくエンゲルの設計で、「エンゲルステアター」という名の市内初の劇場が公園の西端に建設されている。また東端には、1867 年にオープンしたガラスと鋳鉄による趣ある外観を有するカッペリ・レストランが控え、レストラン前の野外ステージではライブパフォーマンスがさらなる賑わいを生み出している。

加えて、フィンランドは、リサイクルを目的としたフリーマーケット「クリーニングデー」、街なかで誰もが料理を振る舞える「レストランデー」といったイベントの発祥地として知られるが、ヘルシンキではこのエスプラナーディが主要会場として活用されている。

1　芝生でくつろぐ人々
2　北エスプラナーディ通りのオープンカフェ
3　中央を貫く土の遊歩道
4　カッペリ・レストラン
5　野外ステージ
6　配置図 [O]
7　断面図 [O]
8　レストランデーの出店

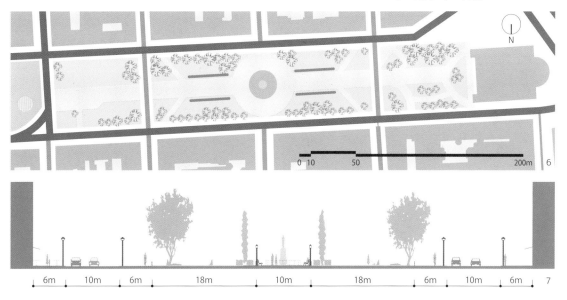

| 6m | 10m | 6m | 18m | 10m | 18m | 6m | 10m | 6m | 7 |

ストックホルムのキングスガーデン

スウェーデン・ストックホルム
1790 年代

名称　　：King's Garden in Stockholm
開設年：1790s, 1950［改修］, 1998［改修］
所在地：Stockholm, Sweden

　ストックホルム中心部、ショップやデパート、オフィスが密集するエリアに広がる線形公園。もとは王室の公園であったが、1970 年に市の所有地となった。

　幅約 90 m、南北に約 360 m のびる園内には、矩形の池、銅像、植物が幾何学的な形に刈り込まれた整形式庭園、芝生の広場などが配された 4 つのブロックが連なる。長手方向の両側には木漏れ日が落ちる帯状の遊歩道が並行し、東側では車道の喧騒に対するバッファーゾーンとしての役割も果たしている。加えて、最も交通量の多い通りに面する北端には、近年パビリオンが増築され、園内の音環境はさらに改善された。

　この公園では、夏場に野外フェスティバルやロックコンサートも多数開催される。一方、冬になると園内の一部に水が撒かれ、人気のアイススケートリンクが出現する。また、春を迎えると、1998 年に植えられた 63 本の桜が一斉に咲き誇り、公園に彩りを添える。その他、公的な文化活動や商業活動なども頻繁に行われており、1 年を通して街のオアシスとして有効に機能している。

1 北側ブロックの桜と矩形池
2 矩形池のほとりでくつろぐ人々
3 木漏れ日が落ちる外縁の遊歩道
4 南側の芝生のブロックに建つティーハウス
5 仮設のスケートリンク
6 配置図 [23]
7 断面図 [O]

1

ガムラスタン

スウェーデン・ストックホルム
13 世紀

名称 ：Gamla Stan
開設年：13C
所在地：Stockholm, Sweden

　ストックホルムの中心部、3 つの島からなる「古い街」という名の旧市街。宮殿や大聖堂をはじめとする歴史的な建造物、街なかに張り巡らされた石畳の路地に中世の面影が色濃く残り、観光地としても名高い。

　入り組んだ大小の通りは、海風から街を守り、暖色系のファサードが訪問者に心地よさをもたらす。通りが密集するメインの市街地では、島の中央部を囲うように南西側にヴェステルロンガータン通り、東側にエステルロンガータン通りが巡り、それらと直行するように水際に向かって斜面を下る細い路地が通ることで短冊型の街区が形成されている。この短冊型の街区部分は、かつて海だったところだが、土地の隆起とゴミの集積により生まれた。

　通りの断面に注目すると、中央部の街路の D/H は 0.4 〜 0.6 程度で、建物と親密な関係が生み出されている。一方、水際へと下る細い路地は、幅が 1/4 〜 1/3 程度に細くなり、D/H は 0.1 〜 0.2 程度で、階段やトンネルと相まって窮屈とも言える空間を形づくっているが、それにより中央部の街路とは異なる魅力を放っている。

4

5

1 ヴェステルロンガータン通り
2-3 水際へ下る細い路地
4 配置図 [15]
5 水際の断面図 [15]
6 ヴェステルロンガータン通りと路地の断面概略図 [O]

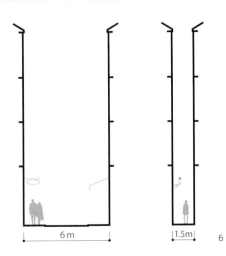

6 m   1.5m

6

Bikeway
自転車道

近年、人間中心のまちづくりにおける移動手段として、歩行に加えて、適度なスピードで自由自在に移動でき、健康にも良い自転車が注目されている。施策としては、交通渋滞の解消、省エネルギーの促進、環境への配慮などに加えて、国民の健康増進、医療費や社会保険料の軽減にもつながるなど、包括的な観点から推進されている。

　自転車利用の促進に向けた取り組みはヨーロッパ全土で普及しており、各都市で自転車道の整備やシェアサイクルの活用などが進む。自転車の保有率や利用者率ではドイツやオランダなども上位に挙げられるが、なかでも自転車利用を推進する徹底した総合的・先進的施策を展開しているデンマークは、世界中から注目を集めている。首都コペンハーゲンの都心と郊外を結ぶサイクル・スーパーハイウェイ（自転車専用高速道路）の整備をはじめとして、IT を駆使した信号管理システムの導入、都市の景観をダイナミックに変容させる斬新な自転車専用橋の設置など、新たな取り組みが次々と実施されているが、そうした取り組みでは自転車を漕ぐという原初的な身体行為と最新の技術やデザインとの融合が見られ、興味深い。また、車両そのものの種類やデザインの多彩さも目を引き、棺を運搬する霊柩自転車まで登場するなど、そのユニークな発想にも驚かされる。

コペンハーゲンの自転車まちづくり

　現在、コペンハーゲンは世界諸都市の中で最も自転車利用の推進に力を入れている街と言えるだろう。市民の約半数が自転車で通勤・通学するほどにまで自転車が普及している同市では、自転車推進の施策を、都市環境の改善、省エネルギー、道路渋滞の解消、市民の健康増進、ひいては福祉予算の削減といった包括的な観点から捉えている。

そして、自転車を社会に根づかせる取り組みとして、サイクル・スーパーハイウェイ（p.52）をはじめとする自転車専用道路や専用橋のインフラ整備に加え、自転車を鉄道車両に持ち込めるサイクルトレインの導入や、ITを活用したレンタルサイクル・シェアサイクルサービスの開発も積極的に進めている。

多彩な自転車

　自転車大国デンマークでは、多彩なタイプの自転車を目にすることができる。その代表格が荷物を積載できる籠がついたカーゴバイクで、街なかでは子供を乗せて送り迎えをする微笑ましい姿も見られ、風景に彩りを添えている。

　前籠と後籠の2タイプがあり、オリジナルのカーゴバイクを扱う自転車メーカーも存在する。

ハンドメイドの籠を取り付ける人もいたりと様々なカーゴバイクが街中で見られるが、近年は葬儀の棺を運ぶサービスも出現しており、利用者も増えているようだ。

サイクルトレイン

　デンマークではサイクルトレインの導入が進んでおり、自転車ごと車両に乗り込むことができる。該当の車両は自転車のマークでわかりやすく表示

1　専用レーンでの自転車通勤風景
2-7　多彩な自転車
8-9　専門店が販売しているオリジナルのカーゴ
　　バイク
10　棺を積載できる葬儀サービスの自転車
11-12　サイクルトレイン
13　サイクルトレインの乗降口を示すホーム上の
　　サイン
14-15　サイクルトレイン車内
16　シェアサイクルのステーション設置箇所［31］
17　ハンドル上に搭載されたタブレット
18　シェアサイクルの利用手順［31］
19-20　市内各所のステーション

され、自転車を固定する装置も設置されている。

　また、駅構内の階段には、昇降用のレーンなども整備されており、サポートも手厚い。なお、通勤等の混雑の時間帯には持ち込み不可としている路線もある。

レンタサイクル・シェアサイクル

　レンタサイクル・シェアサイクルも盛んで、観光客のみならず地元住民にもよく利用されている。

最新の車両ではハンドルの上にタブレットが搭載され、ネット経由で各種情報も入手できる。市内各所にステーションが整備されており、好きなステーションで降車できるものもある。その先駆けが「コペンハーゲン・シティバイク（Copenhagen City Bike）」で、1995 年に世界初のバイクシステムとして開設された。

16

17

bycyklen.dk	FRECERCIAGADE			Click
Create a Bycyklen account	Go to a docking station	Log into a bike and go	Ride where ever you please	Return to a docking station

18

19

20

サイクル・スーパーハイウェイ

デンマーク・コペンハーゲン都市圏
2012 年

名称　　：Cycle Superhighways
開設年　：2012 [以降、順次拡張中]
所在地：Copenhagen metropolitan area, Denmark

　自転車の普及に力を入れているコペンハーゲンでは、自転車利用をより快適にする取り組みが総合的に実施されており、世界の注目を集めている。

　その主要な取り組みの一つが自転車専用高速道路「サイクル・スーパーハイウェイ」の整備であり、コペンハーゲンを中心とする 31 の自治体と首都地域（地方行政区画）の協働のもと、2022 年 10 月時点で 14 のルートが整備されている。今後も毎年新たなルートが開設される予定で、60 ルート・全長 850 km の整備が目標に掲げられている。

　ルート上の各所には空気入れ等を備えたサービスステーションが配されていることに加え、交差点には停車用のフットレスト、トンネル内には特殊な照明が設置されるなど、利用者に配慮した様々な工夫が施されている。

　また、コペンハーゲン市内では「グリーンウェーブ」という信号管理システムも導入されており、路上の誘導灯に従って時速 20 km で走行することで常に青信号で進むことが可能となっている。このシステムにより、路線バスと同程度の時間で移動できる快適な走行環境が実現されている。

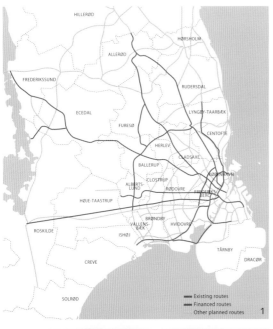

1　ルート図
2　コペンハーゲン周辺部の自転車道
3　トンネル内の照明
4　誘導灯が設置された道路
5　交差点に設置されたフットレスト
6　空気入れ等を備えるサービスステーション

サークル・ブリッジ

デンマーク・コペンハーゲン
2015 年

名称　　：Circle Bridge
設計者：Olafur Eliasson
開設年：2015
所在地：Copenhagen, Denmark

　王立図書館の対岸、クリスチャンハウン運河上に架けられた歩行者・自転車専用橋。5つの異なるサイズの円形の床板がずれながら連なる平面デザインが、自転車や歩行者のスピードを抑えつつ、視線に変化を与えることで、サイクリング・ランニング・ウォーキングなど思い思いに行き交う人々が街の風景を楽しみながら橋を渡ることがで

き、待ち合わせ場所としても愛用されている。

　加えて、円形の床板それぞれが独自のマストを備え、全体で帆船を思わせるデザインも愛らしく、街の新たなシンボルとして親しまれている。船舶の通過時には中央の床板が回転することで航行が可能で、夜間には手すりに設置された赤色の LED 照明が構造物を照らすことで街灯としても機能する。

1　鳥瞰全景
2　橋上を行き交う人々
3　対岸から見た夜景

サイクルスランゲン

デンマーク・コペンハーゲン
2014 年

名称　：Cykelslangen
設計者：Dissing + Weitling, Mikael Colville-Anderson
開設年：2014
所在地：Copenhagen, Denmark

　内港沿いのショッピングモールから対岸のアマー島へとのびる、全長 220 m、幅 4.6 m の自転車専用道路。その名に「蛇（slangen）」を冠するとおり、運河や歩道の上を周囲の建物の間を縫うように緩やかに蛇行しており、その形状によりスピードが抑制されるとともに、景観を楽しみながら走行できる効果が生み出されている。路面は視認性の高いオレンジ色に舗装され、夜間には内蔵された照明と組み合わせることで利用者にやさしいデザインが施されている。

　頭上 7 m の空中を自転車が行き交う風景は、見た目にも楽しく、街にダイナミックさを付与することにも貢献しており、コペンハーゲンのまちづくりにおける多様性を感じさせる施設の 1 つに数えられるだろう。

1　建物の間を緩やかに蛇行する高架道
2　配置図［30］
3　ショッピングモール前のロータリー
4　高架下の景観

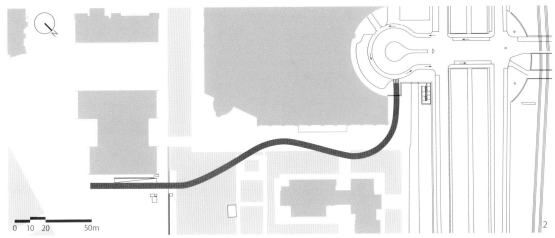

0　10　20　　　50m

インナーハーバー・ブリッジ

デンマーク・コペンハーゲン
2015 年

名称　　：Inner Harbour Bridge
設計者：KBP.EU, Karres en Brands
開設年：2015
所在地：Copenhagen, Denmark

　都心部とクリスチャンハウン地区を結ぶ全長
180 m の歩行者・自転車専用橋。ニューハウンと
クリスチャニアの 2 つの観光名所をつなぎ、ア
マー島の緑豊かなエリアへと続く自転車ルートの
一部でもある。
　この橋では、船舶が通る際に中央の 2 レーンが
両側にスライドすることで橋が開閉する珍しい構
造が採用されている。2011 年にそのアイデアが
発表されて間もなく、ヨーロッパ初の引き込み橋
として「kissing bridge（キスする橋）」という愛
称がつけられた。手すり板の鮮やかな色彩が印象
的で、橋詰めでくつろぐ人々の姿も見受けられる。

1　歩道と自転車道が分離された路面デザイン
2　断面図 [32]
3　鳥瞰全景

0 1 2　　5m

ビェンズブロ・ブリッジ

デンマーク・オーデンセ
2015 年

名称　：Byens Bro
設計者：Gottlieb Paludan Architects
開設年：2015
所在地：Odense, Denmark

デンマーク第 3 の都市オーデンセの線路上に設置された、「街の橋」という名の歩行者・自転車専用橋。15 本の線路により分断されていた 2 つのエリアを結ぶ全長 135 m の橋は、その壮大な姿とともに街のランドマークになっている。

高さ 30 m の柱に吊られたダイナミックなデザインにより、快適性と安全性の理由から分離された自転車橋と歩行者橋が、視覚的にも構造的にもうまく一つにまとめられている。鏡面仕上げで光輝く柱には周囲の景観が写り込み、夜間には自動で移り変わる照明が幻想的な雰囲気を醸し出している。

1　橋上の夜景
2　平面図 [30]
3　全景

Plaza & Square
広場

ヨーロッパの各都市と同様、北欧の街においても、建物に囲われた広場が生活の中心的な場として存在する。各都市の主たる教会や市庁舎の前にある広場では、公式・非公式の様々な催しが行われ、カフェや屋台も出店し、年間を通して人々が利用する「屋外のリビングルーム」とも言える場となっている。

　一方、近年新設された広場については、集う機能に加えて、スポーツや遊びのアクティビティのためにデザインされたものや、集中豪雨やヒートアイランドなどの気候変動に対応したものなど、現代的なテーマを盛り込んだものも見られ、その形も多様である。

　他方、市場が開かれる広場も、市民の台所として日々の暮らしを支え、都市に活気を与える重要なパブリックスペースとして古くから存在している。本章では重要な観光資源にもなっている市場の代表的な事例を紹介するが、その立地を広域的に見てみると商品や人が集まりやすい場所が選ばれていることがわかる。また、近年つくられたものを含め、商品と利用者が主役となり、建物や空間はあくまでその引き立て役として控えめにデザインされている点にも着目したい。

ストックホルム市庁舎

スウェーデン・ストックホルム
1923 年

名称　：Stockholm City Hall
設計者：Ragnar Östberg
開設年：1923
所在地：Stockholm, Sweden

　ラグナール・エストベリの代表作でナショナル・ロマンティシズム建築の最高傑作とも言われる、メーラレン湖畔に建つ優美な市庁舎。高窓から柔らかな光が降り注ぐ「青の間」、金のモザイクで覆われた「金の間」、天井が美しい議場など、世界各地の建築技術やデザインを採り入れた多様で上質な内部空間とともに、外部空間も豊かに設計されている。

　特に、正門から中庭、その先の回廊を抜け、開放的な水辺へと至るシークエンスと空間構成が秀逸だ。通りから小さな正門を入ると、湖に向かって緩やかに下る中庭が広がる。内部空間の核である「青の間」に対して外部空間の核とも言えるこの広場は、D/H が 2 程度で、程よく囲われた空間としてデザインされている。右手には円弧状の階段が市庁舎内部へと誘い、正面の回廊の先には湖面が光輝く。アーチが連続する列柱回廊を抜けると、湖越しに街の壮大なパノラマが広がり、水辺の庭園では石と芝生の対比、噴水などにより柔らかな表情が付与されている。

　なお、北欧では市庁舎で結婚式を挙げる伝統があり、ドレスアップした新郎新婦の姿に出会えることも多い。

1 中庭入口から列柱越しにメーラレン湖を望む　　5 配置図 [14]
2 メーラレン湖越しに望む早朝の市庁舎　　　　　6 断面図 [14]
3 水辺側から見た列柱回廊　　　　　　　　　　　7 庭園での結婚式
4 水辺の庭園

1

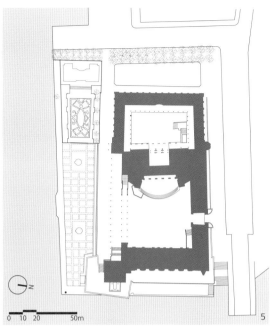

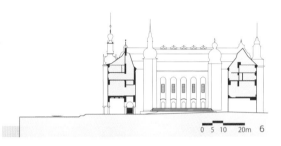

ヘルシンキ元老院広場

フィンランド・ヘルシンキ
1852 年

名称　：Helsinki Senate Square
設計者：Carl Ludvig Engel, etc.
開設年：1852
所在地：Helsinki, Finland

　市内中心部、ヘルシンキ大聖堂、ヘルシンキ大学本館、フィンランド政府宮殿という 3 つの建物に囲まれた広場。エスプラナーディ（p.38）の設計者でもあるカール・ルードヴィグ・エンゲルらの手によるもので、軍事パレードができる広さが確保されており、実際に使われていたこともある。

　先の 3 つの建物に包囲されつつも広場の D/H は 4〜5 程度で、さらに四周に車道が通っていることに加え、緩やかに下りながら南側に開かれて

いることもあり、広場そのものの囲われ感は弱い。広場を引き締める中央の銅像と噴水の周りに人が集う一方、日当たりが良く、街並みと港が織りなす素晴らしい景色を眺望できる大聖堂前の大階段も来訪者に人気の場所である。

　露店が建ち並ぶクリスマスマーケットをはじめとして、多彩なイベントも行われているが、新型コロナウイルスが猛威を振るった期間中には巨大な屋外レストランが出現した。

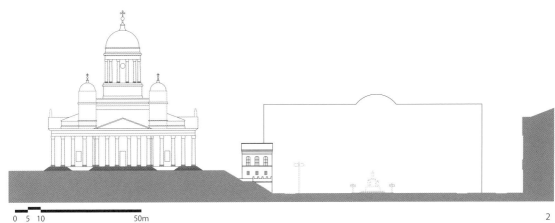

0 5 10　　　　　　　　　50m　　　　　　　　　　　　　　　　　　　2

3

4

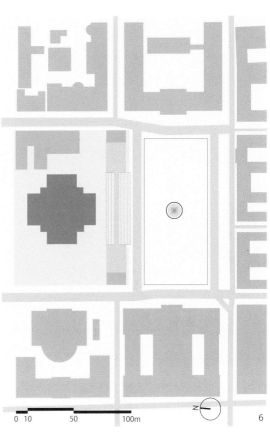

0　10　　　50　　　　　　100m　　　　　　　N　　　　　6

1　コロナ禍のなか開催された屋外レストラン
2　断面図［O］
3　鳥瞰全景
4　クリスマスマーケットが開かれる広場と政府宮殿
5　来訪者で賑わう大階段
6　配置図［O］

オスロ市庁舎

ノルウェー・オスロ
1950 年

名称　：Oslo City Hall
設計者：Arnstein Arneberg, Magnus Poulsson
開設年：1950
所在地：Oslo, Norway

　赤煉瓦を纏った２つの高層オフィス棟が左右対称にそびえる堂々とした外観を有する市庁舎。ノーベル平和賞の授賞式が開かれる壮麗な中央ホールが著名だが、屋外にも素晴らしい空間が広がる。

　北側正面には、噴水を中心として三方を列柱廊に包囲されたエントランス広場が設置され、市内へと開かれている。一方、南側背面のオスロ湾側では、海に向けてダイナミックに開かれた広場が広がる。護岸に目を向けると、市庁舎の平面形に合わせて左右対称にデザインされており、海への軸線がさらに強調されている。広域的に見ると、

市庁舎はフィヨルドの最も奥まったところに建てられているが、この軸線に沿って海側を望むことでその立地の素晴らしさを実感できるだろう。

　当初、このオスロ湾側の広場は車のロータリーとして使用されていたが評判が悪く、1990 年に車道の地下トンネルが開通し、さらに 1994 年に車の乗り入れを禁止したことで、歩行者専用の広場に生まれ変わった。その後は、憲法記念日の祝典をはじめとする公式行事のほか、コンサートなどの様々なイベントにも使用されており、市民の場としても活用されている。

1　フィヨルド上空から見た広場と市庁舎
2　配置図 [O]
3　フィヨルド側の広場と市庁舎
4　市内側のエントランス広場のカフェと市庁舎
5　エントランス広場と市庁舎

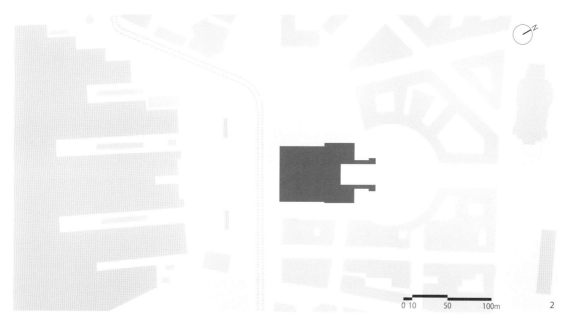

セルゲル広場

スウェーデン・ストックホルム
1967 年

名称　　：Sergels Torg
設計者　：David Helldén, Piet Hein
　　　　　Edvin Öhrström［増築］
開設年　：1967, 1974［増築］
所在地　：Stockholm, Sweden

　ペーター・セルシング設計のカルチャーハウスなどに囲まれた、ストックホルム新市街のランドマークとも言えるサンクンガーデン式の広場。伝統的に大規模な政治デモが行われる場所としても知られる。

　広場は立体的に構成されており、地盤面より一層分低いところにある主要レベルがストックホルム駅へと続く地下道につながっている。一方、地上レベルでは、中央にガラスの塔がそびえ立つ円形の噴水池の周りが車道のロータリーとして機能している。

　ストックホルムのアイコンにもなっている黒と白の三角形の舗装パターンが施されたフロアでは、オープンカフェで憩う人々に加えて、リクライニングチェアに横たわり日光浴をする姿も見られ、大階段も思い思いに談笑する場として賑わっている。地上でも常に多くの人々が行き交い、全面ガラス張りで設計されたカルチャーハウスでは建物内の人々の動きが広場から見える造りになっている。様々な活動と視線が立体的に交差する都会的な活気に満ちた広場である。

1

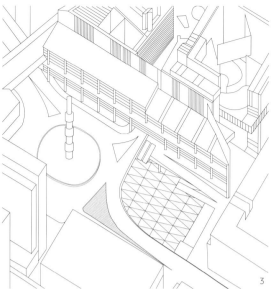

1　地下レベルの広場
2　地上レベルのロータリー
3　アクソノメトリック図［26］
4　人々が憩う大階段
5　断面図［O］
6　地下道につながる通路
7　日光浴用の寝椅子とカフェ

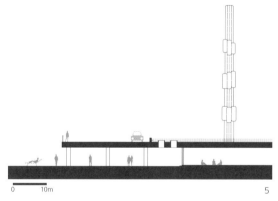

0　　　10m

イスラエル広場

デンマーク・コペンハーゲン
2014 年

名称　：Israels Plads
設計者：Cobe, Sweco Architects
開設年：2014
所在地：Copenhagen, Denmark

　食品市場（p.74）の南側、「地面に浮かぶ空飛ぶ絨毯」というコンセプトをもとに設計された公共広場。階層的に構成することが意図された広場では、円形の柵で包囲された球技用コート、樹木を取り囲む円形のベンチ、広場を望む大階段、隣接する公園へと続く水路などが配され、その地下に駐車場が整備されている。また、諸要素に注目すると、球技用コートなどのアクティブなスペースと、大階段などのパッシブなスペースが、程よく分散されており、地域住民と観光客の間でもうまく使い分けが行われている。

　さらに、通常は一般に開放されている広場には、学校の遊び場として限定で使用する時間帯も設定されており、空間面のみならず時間面での階層化も図られている。

　この広場も然りだが、北欧諸国では、公共施設やパブリックスペースを計画する際に設計者が住民の意見をヒアリングすることが多い。加えて、住民の間でも「建築や街は共有財産である」という意識が強く、設計プロセスに積極的に関わることも一般化しつつある。そうした土壌が、パブリックスペースを継続的にうまく機能させていく原動力になっているのではないだろうか。

1　鳥瞰全景
2　大階段と水路
3　広場から大階段を望む
4　配置図 [30]
5　円形の諸要素が散りばめられた園内

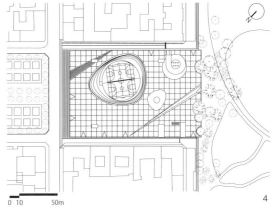

0 10   50m

トゥーシンゲ広場

デンマーク・コペンハーゲン
2015 年

名称　：Tåsinge Plads
設計者：LYTT Architecture
開設年：2015
所在地：Copenhagen, Denmark

　煉瓦造のアパートに囲まれた三角形の敷地に新設された広場。都市型洪水やヒートアイランドに対処する試みとして設置されたコペンハーゲン初の広場で、かつて駐車場として使用されていた土地が、透水性の高い緑あふれる広場へと生まれ変わった。その計画プロセスに関しては、幾度にもわたるワークショップを積み重ねるなど、市民主導で進められた。

　排水のシステムについては、集中豪雨の際に多量の雨水が短時間で下水道に流入し、地域に氾濫するリスクを回避するために、下水道と分離し、雨水が土壌に直接浸透するように設計されている。また、公園内に降る雨水に加えて、周辺建物の雨樋からも集水し、貯留槽に蓄わえるしくみも導入されている。

　中央の広場には、傘と雨粒をモチーフにした2種類のオブジェが配され、雨が視覚化されている。傘の彫刻は取水装置にもなっており、集められた雨水は地下のタンクへと送られる。地下に貯蔵された雨水は、舗装に組み込まれた足踏みポンプで汲み上げ、水遊びに使うこともできる。

　なお、この広場は防災施設としても機能するよう設計されており、地下に2つの防空壕が整備されているが、普段は音楽スタジオとして使用されている点も興味深い。ほかにも、リサイクル素材を積極的に活用していたり、市民に馴染みのある市で標準仕様の街灯・ベンチ・舗装材・マンホールの蓋などが用いられていたりと、住民の意見が反映された工夫やアイデアが盛り込まれた公園である。

1

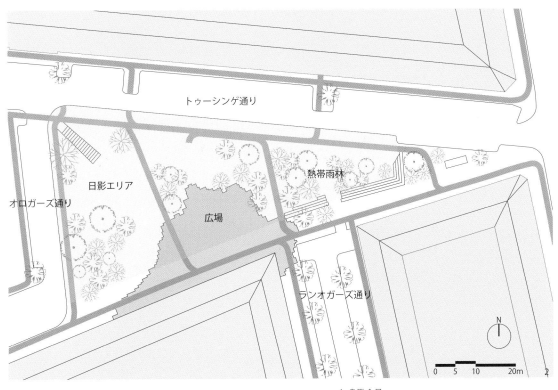

トゥーシンゲ通り

日影エリア

オロガーズ通り

広場

熱帯雨林

ランオガーズ通り

N

0　5　10　　20m　2

1　鳥瞰全景
2　配置図［33］
3　水の循環システムの模式図［33］
4　防空壕の入口
5　コペンハーゲンの標準仕様のベンチとマンホールの蓋
6　一時的な貯水池にもなる階段状のくぼみ
7　周囲の建物に設置された集水用の雨樋
8　雨樋を備えた建物
9　傘と雨粒をモチーフにしたオブジェと舗装に組み込まれた
　　金属プレートの足踏みポンプ

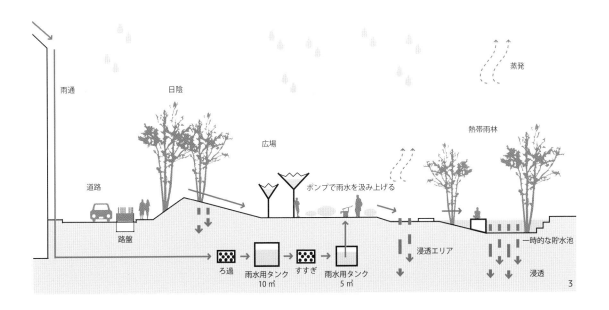

雨通

日陰

広場

蒸発

熱帯雨林

ポンプで雨水を汲み上げる

道路

路盤

ろ過

雨水用タンク
10㎡

すすぎ

雨水用タンク
5㎡

浸透エリア

一時的な貯水池

浸透

3

トルヴェハレルネ KBH

デンマーク・コペンハーゲン
2011 年

名称　　：Torvehallerne KBH
設計者：Hans Hagens
開設年：2011
所在地：Copenhagen, Denmark

　イスラエル広場（p.68）の北側、1889 年から 1958 年にかけて市場があった場所に再建された食品市場。主役は商品と人、建築はその背景というコンセプトのもと、黒に塗装された鉄骨とガラスによる控えめな外観にデザインされた。

　長方形平面のホールが 2 棟並び、生鮮食品を扱う棟とスイーツ・ドリンク類を扱う棟に二分されている。各ホールの通路上部には三角断面のトップ プライトが設置され、自然光が取り込まれている。

　一方、2 つのホールの間は屋外市場として使用されており、屋台や商品のほか、飲食できるテーブル・ベンチも並ぶ。各種イベントやパフォーマンスも行われ、市場にさらなる彩りを添えている。

　天候を問わず年中賑わう市場では、そうした屋内空間と屋外空間の密接な相互関係により活気あふれる場が生み出されていると言えよう。

1　屋外の飲食コーナー　　4　屋外市場
2　断面図［34］　　　　　5　屋外でのパフォーマンス
3　マーケットホール　　　6　通りより望む

0 1　5　10m

2

3

4

5

6

ヘルシンキのマーケット広場

フィンランド・ヘルシンキ
19 世紀初頭

名称　：Market Square in Helsinki
開設年：early 19C
所在地：Helsinki, Finland

　ヘルシンキ中心部、エスプラナーディ（p.38）の東側に位置するマーケット広場。大型客船乗り場があるカタヤノッカに隣接し、海上要塞で有名なスオメンリンナ（1991 年に世界遺産に登録）などの近隣の島々を巡る観光船の乗り場にも近い。
　出店やカフェに加え、海に停泊する船上の店舗も見られ、年間を通して地元住民と観光客の双方を魅了している。10 月初旬には毎年恒例のニシン祭りが開催され、1 年で最も賑わう。南には 1889 年に建設されたオールドマーケットホールが近接しており、広場とともに多彩な食材と飲食の場を提供している。

1-2　屋外市場
3　船上の店舗
4　位置図 [O]
5　オールドマーケットホール

ベルゲンの魚市場

ノルウェー・ベルゲン
1541 年

名称　：Fish Market in Bergen
開設年：1541
所在地：Bergen, Norway

　フィヨルド観光の起点になっているノルウェー第2の都市ベルゲンには、同国で最も人気のある魚市場がある。市内中心部、海辺の魅力的な場所にあり、新鮮な魚介を中心に、野菜、果物なども販売されており、地元住民の暮らしを支えている。
　市場の始まりは1200年代にまでさかのぼる。

当初は、カラフルな三角屋根の木造建物が建ち並ぶブリッゲン（1979年に世界遺産に登録）の隣にあったが、1541年に現在の場所に移設された。以降、地域にとってますます重要な場所となり、観光スポットとしても成長を遂げた。近年、新たな屋内市場とレストランが増築されている。

1-2　屋外市場
3　新設された屋内市場
4　位置図 [O]
5　魚市場とベルゲンの街並み

Garden
庭

北欧では壮大な自然に身を置くこともできる一方、街なかにはデザインされた庭が配され、暮らしに欠かせないパブリックスペースとして親しまれている。世界最古級の遊園地として知られるチボリ公園のようなレジャーを目的とした庭から、庭を持てない都市住民が郊外で庭づくりに勤しむコロニーガーデン、食や農をテーマにした庭に至るまで、そのタイプやスケールも多彩である。

　また、周辺環境との関わり方についても、庭の賑わいが周囲にあふれ出るもの、周囲とは隔絶した内部空間を有するもの、周辺環境を取り込みながら建築と庭が一体的にデザインされたものなど、多様なバリエーションが見られる。

　こうした庭の規模は大小様々だが、内部にヒューマンスケールの空間や要素が設置され、人々の種々のアクティビティをやさしく包み込んでいる点は共通している。

チボリ公園

デンマーク・コペンハーゲン
1843 年

名称　：Tivoli Gardens
設計者：Georg Carstensen
開設年：1843
所在地：Copenhagen, Denmark

　コペンハーゲン中央駅の前に建つ、世界でも最古級の歴史を誇る遊園地。数々のアトラクション施設、ガラスのホール、インド・中国風の建造物などに加え、植栽、噴水や水盤、野外ステージなどが配されたバラエティ豊かな園内では、北欧の人々の屋外の楽しみ方を垣間見ることができる。

　池を巡る園路に沿って多彩な施設が設置されており、池を介して見る・見られるの関係がうまく構成されている。また、敷地の高低差も巧みに活かしつつ、全体が計画されている。さらに、イベント等のプログラムに関しても、開園当初から細心の注意が払われており、時間帯に応じた多様なアクティビティを実施することで、来園者を魅了

する空間と時間を提供してきた。そうした行き届いた取り組みにより、様々なパフォーマンスからホットドッグに至るまで、老若男女を問わずあらゆる人々が楽しめる場が形づくられている。

　夜間には色とりどりのランプが園内を照らし、昼間とは違った表情を見せる。夏になるとガーデンチェアで日光浴をする人々であふれる一方、ハロウィンやクリスマスにはデコレーションが彩りを添え、移り変わる風景に季節感も感じられる。

　園内に入らなくとも通りから見えるアトラクションと漏れ聞こえる人々の賑わいが、街に活気を与え、コペンハーゲンを代表するシンボルとして今も変わらず存在感を放っている。

1 メインエントランス
2 メインエントランスから続く通路沿いのベンチ
3 野外ステージ前の広場で日光浴を楽しむ人々
4 コンサートホール前の広場

5　円弧状の壁に設置されたベンチ
6　切妻屋根の店舗が連なる建物
7　小劇場でのパフォーマンス
8　照明が灯る水盤と池に浮かぶ帆船
9　池越しに望む中国風の建物とジェットコースター
10　配置図 [O]
11　池でボート遊びを楽しむ人々

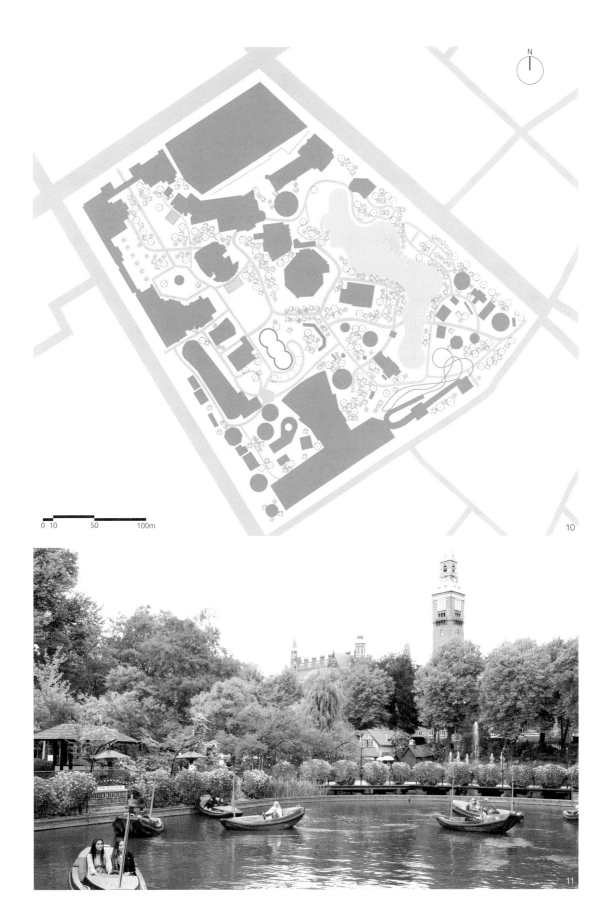

0 10   50   100m

10

11

ルイジアナ美術館

デンマーク・フムレベック
1958 年

名称　　：Louisiana Museum of Modern Art
設計者：Jørgen Bo, Vilhelm Wohlert
開設年：1958［以降、5 回増築］
所在地：Humlebæk, Denmark

　対岸にスウェーデンを望む景勝地に建つ、「世界一美しい美術館」とも言われる美術館。5 度にわたる増築を重ねた建物は、いずれも風景に溶け込むように控えめに建てられている。古い邸宅を本館として広大な庭を周遊するように各棟が回廊で結ばれる全体構成で、作品と建物内外が調和した上質な展示空間が各所で展開する。当初は、海に向けて腕を広げるような形で建物が配置されていたが、さらに両腕をのばすように新しい棟が加えられ、最終的にはそれらが地下通路で結ばれることで、全体に回遊性がもたらされた。

　設計者自身が日本建築からの影響に言及しており、特に桂離宮からの影響を挙げているが、雁行する透明の通路や半地下の通路による回遊性、建物内外の親密な関係性、庇やパーゴラの下の中間領域、数珠状につなげられた空間構成などにその影響が見てとれる。また来館者は、各所に設けられたドアを経由して、建物の内外を自由に行き来することができる。

　こうした設計デザインにより、この美術館では作品の鑑賞のみにとどまらず、そこでの空間体験も大切にされている。同様の設計はデンマーク内の他の美術館でも散見され、ここルイジアナ美術館の影響力の大きさを実感できる。

1　ガラス屋根から自然光が射し込むカフェ
2　ガラス越しに庭と連続する内部空間
3　エントランス前のプラザと蔦に覆われた本館
4　内外をつなぐドアと飛び石
5　レストラン前の屋外空間

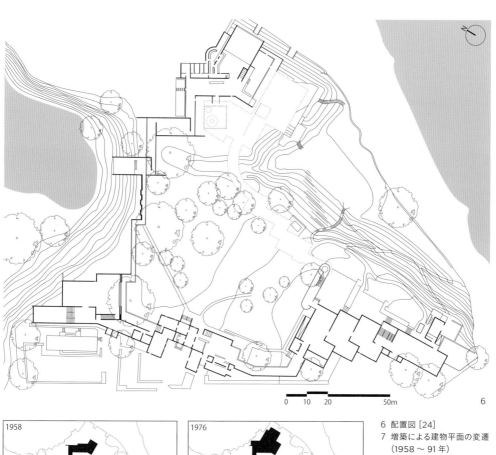

6

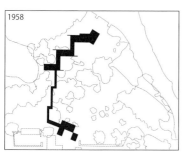

1958

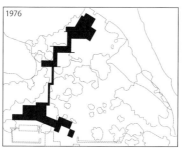

1976

6 配置図 [24]
7 増築による建物平面の変遷
　（1958 〜 91 年）
8 鳥瞰図 [25]
9 海へと緩やかに下る芝生の
　斜面とピラミッド状の遊具

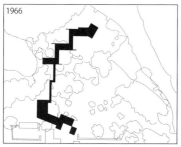

1966

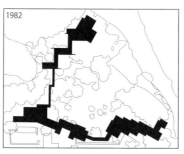

1982

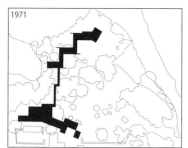

1971

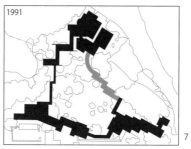

1991

7

8

9

ヴェネルストのコロニーガーデン

デンマーク・コペンハーゲン
1892 年

名称 ：Colony Gardens at Vennelyst
開設年：1892
所在地：Copenhagen, Denmark

　コペンハーゲンには、市が 19 世紀末から整備を進めている「コロニーガーデン」と呼ばれる小住宅付きの菜園が点在し、都市生活者に貸し出されている。その数は、市の人口約 60 万人に対して約 3 万戸にのぼる。

　ヴェネルストのコロニーガーデンは市内最古のもので、同市の人口が爆発的に増えたことから雇用創出のために 1892 年に建設された。クリスチャンハウン城の城壁の外、道路に沿って約 400 m にわたって続く赤い塀の内側と水辺に挟まれたエリアにあり、白や赤などに塗られた木製のフェンスによって 242 の区画に区分されている。

　土地については市の所有地が貸し出されており、個々の割り当ては最大 80 m^2 と大きくはないが、賃料は年間 4000 クローネ（約 71000 円、2021 年時のレートにて換算）と比較的安価である。一方、家は私物であり、面積は 20 m^2 まででシャワーは設置できない（シャワーは共同で、別の建物にある）。なお、家を手放す際の価格は全国コロニーガーデン協会が設定しており、15000 ～ 150000 クローネ（26600 ～ 266000 円）と大きく幅がある。

　居住者の年齢層は様々で、移民も受け入れており、個性あふれる各家庭の庭からは各々が思い思いにリラックスしながら生活を楽しむ様子が伝わってくる。夏の早朝には、川辺にテーブルと椅子を並べて朝食をとる老夫婦の姿も見受けられた。手入れが行き届いた、緑あふれる人間的なスケールの庭が人々に憩いをもたらしつつ、それら個々の庭が共通の生け垣で囲まれていることで、多様さの中に柔らかい統一性が付与されている。

　敷地内に 3 カ所設置された管理棟では、シャベルや重機などの農機具の貸し出しなどを行っている。加えて、イベント広場や礼拝堂もあり、住民交流の場として活用されている。

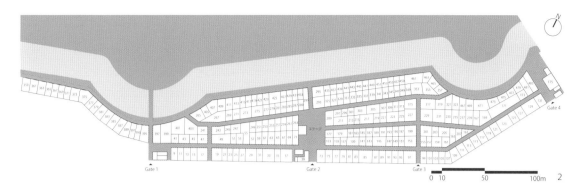

1 一区画の住宅と庭
2 区画図［O］
3 通路
4 川辺で朝食をとる老夫婦
5 管理施設
6 イベント広場と野外ステージ
7 礼拝堂

クロイアーのファミリーガーデン

デンマーク・フレデリックスベア
1864 年

名称　：Krøgers Familiehave
開設年：1864
所在地：Frederiksberg, Denmark

　フレデリックスベアガーデンの南東端に建つ、1864 年創業のレストラン。夏季のみの営業で、ウナギやニシン、ローストポークなどの伝統的なデンマーク料理が食べられる。

　このレストランでは、隣接する広大な公園に対して開放せずに、沿道を塀で囲い、さらに道路面から数段下げることで、外部の騒音から守られた親密な空間が確保されている。内部には、テラスを備えた天井高が低く抑えられた小ぶりの建物に加え、長テーブルとベンチが並ぶ緑豊かな屋外スペースが広がる。親密さが感じられる空間、愛らしいランタンと市松模様のテーブルクロスが食事の楽しさを演出し、時に催されるライブパフォーマンスが陽気な雰囲気をさらに盛り上げている。

1　テラス席
2　半屋外の飲食スペース
3-4　緑あふれる屋外スペース
5　塀で囲われた道路側の外観

ウスタグロ屋上農園

デンマーク・コペンハーゲン
2019 年

名称　：Østergro Rooftop Farm
開設年：2019
所在地：Copenhagen, Denmark

　ウスタブロ地区の外れにある4階建てのビルの屋上に設置された農園とレストラン。

　屋上へは、屋外に設置された小さな螺旋階段で大胆にアプローチする。600 m² の農園には、頑丈な上げ床に90 t の土壌が敷かれている。コンクリート造の建物はかつて車のオークションに使われていたもので、天井は車の重量に耐えられるように設計されており、加えて車を運搬できるサイズのエレベーターも設置されていた。そのため、土を容易に屋上まで運ぶことができ、土壌の重量を支えることが可能となっている。

　農園では、野菜のみならず、養蜂や養鶏も行われている。市内各所で進むサステイナビリティ向上の取り組みの代表的な事例に数えられるが、この農園の成功の後、野菜や花を自給自給するための屋上庭園が急速に広まった。

　そうした農園を運営しているチームのメンバーからは、「このような試みは、地元の市場に刺激を与え、知識を広げることにもつながっている」という声が聞かれる。屋上から作物とともに農業の新たなあり方を発信する、先進的な取り組みと言えるだろう。

1　鳥瞰全景
2　農園が設置されたビル
3　アプローチの螺旋階段
4　農園
5　養鶏場
6-7　レストラン

ローセンダール・ガーデン

スウェーデン・ストックホルム
1982 年

名称　：Rosendals Garden
開設年：1982
所在地：Stockholm, Sweden

　北欧を代表する屋外博物館スカンセンを擁するユールゴーデン島内、森の中に広がる農園。40年にわたり、「農場から農場へ（farm to farm）」をコンセプトに、化学肥料や農薬を使用しないバイオダイナミック農法を発展させながら作物を育て、調理し、来園者に提供している。

　温室内のカフェや庭では、年間を通して、薪オーブンで焼かれたパンやお菓子などの食事を楽しむことができる。各自がセルフサービスで配膳する

スタイルで、コンポストへの廃棄も自ら行うことにより環境への意識を高めている点も興味深い。

　敷地内には農園と作業場のほか、直売所もあり、花を摘むことができるセルフピッキングなどのイベントや展示会も開催されている。また、温室は結婚式といったプライベートでの使用も可能だ。

　一方、緑あふれる広々とした農園では、花の手入れをしたり、農作業に勤しんだりと、街の日常から解放された人々の姿を見ることができる。

1 温室内のカフェ
2-3 緑あふれる屋外
4 ビュッフェ
5 各自で生ゴミを廃棄するコンポスト
6 温室に隣接する庭
7 農園

Waterfront
水辺

世界的な傾向として、時代の変化とともに衰退した水辺の工業地帯や港湾地区などを再開発し、新しい産業集積地や住宅地へと再生させる取り組みが推進されている。北欧でもそうした成功事例が散見されるが、そのタイプは様々である。本章で紹介するコペンハーゲン内港の水辺では、都心においてレジャー・商業・文化・住宅などの複合的なエリア開発が実施された。また、スウェーデン・マルメのウエスタンハーバー地区は住宅とレジャーの複合エリア、ストックホルムのハマールビュ・ショースタッド地区は住宅地として再生された事例であるが、近年の再開発はいずれも環境保全や持続可能性などを全体の開発コンセプトに掲げる事例が増えている。

　人々のアクティビティを誘発するデザインの観点からは、地盤面と水面との関係性をどのようにデザインするか、水辺での移動と滞在をどのように共存させるか、親水性をどこまで高めるか、眺望や回遊性をどのように組み込むかといった点が重要になるだろう。

　一方、水上を行き交う各種ボートやカヤックなどの乗り物、水上カフェやホテル、フローティングデッキなどの水上施設も、アクティビティの可能性を広げてくれる。とりわけ北欧では、そうした水上施設とアクティビティが季節ごとに移り変わる点も興味深い。

コペンハーゲンの水辺

　多くの来訪者で賑わうコペンハーゲンの内港は、中央部のクリスチャンハウン地区の拡大を目的として 18 世紀末から 19 世紀初頭に行われた埋め立てにより形づくられた。その後、都市化に伴い海水の汚染が急激に進行し、1953 年には水泳が禁止されるまでに至った。そうした状況に対して、下水道の近代化と排水処理プラントの拡大、栄養塩の除去、重金属の流入抑制などの努力が積み重ねられたことで水質は改善され、2000 年以降、水辺の開発が進み、人が集う場が整備されるようになった。

　現在、内港の両岸には様々な施設やパブリックスペースがあり、両岸を結ぶ歩行者・自転車専用橋も設置され、今なおさらなる開発が進行中である。そして、そうした一連の開発により、内港の周辺には歩行者の回遊ルートも形成された。その中心的エリアであるヴェスター・ヴォルドゲード通り（p.30）からニューハウン（p.108）までは内

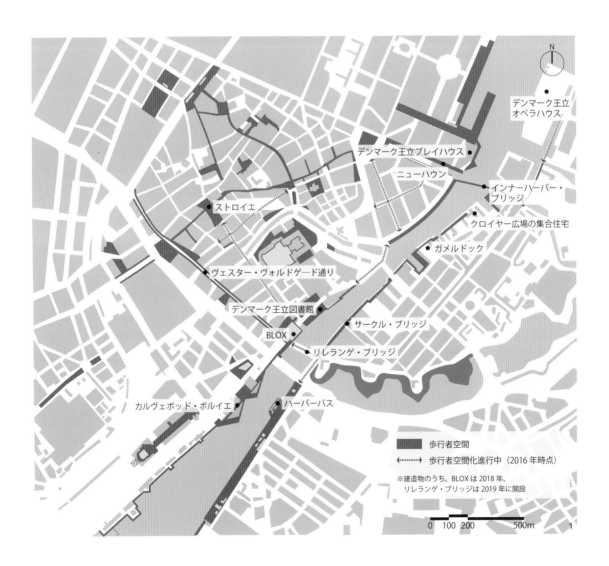

98

港に沿って約 1.2 km の距離があるが、両岸には歩行者空間が整備されている。その間の内港の幅は 70 〜 170 m と対岸の様子をうかがえる距離感で、また対岸へと渡る橋も 600 〜 650 m おきに設置されている。こうして様々なルートで水辺を回遊できる点が、エリアの魅力を高めている大きな要因である。

では、ヴェスター・ヴォルドゲード通りからニューハウンへと至る内港沿いの諸施設を、対岸にも目を向けながら見ていこう。

カルヴェボッド・ボルイエとハーバーバス

ヴェスター・ヴォルドゲード通りの南西、三角形の 2 つの桟橋からなる「カルヴェボッド・ボルイエ」（p.124）とその対岸にある海水プール「ハーバーバス」（p.126）では、水遊びを楽しむことができる。いずれも、内港での水辺のアクティビティを充実化させる上で大きな役割を果たしている。

BLOX とリレランゲ・ブリッジ

ニューハウン方向へ歩みを進めると、2018 年に新設された「BLOX」が姿を現す。OMA 設計の斬新な建物の周辺には、広場・公園・大階段の 3 種の都市空間が配されており、建物と通りがうまく結びつけられている。また、水辺側の通りから建物内の階段を降りて地下を抜け、建物反対側の正面の通りに出る動線も整備されたことで、回遊性がより豊かになった。

一方、BLOX の前には段状のウッドデッキが続く。シンプルな装置ではあるが、その段差が歩行者と自転車、水辺でくつろぐ人々をうまく共存させている。2019 年には、BLOX 前と対岸とを結ぶ、シャープなシルエットが印象的な歩行者・自転車専用橋「リレランゲ・ブリッジ」が建設されている。

デンマーク王立図書館とサークル・ブリッジ

その先には、黒い花崗岩をまとった姿から「ブラックダイアモンド」という愛称がつけられた「デンマーク王立図書館」がある。建物の内港側には歩行者空間が広がり、夏になると寝椅子で日光浴をする人々であふれる。また、建物中央の大きな

1 内港周辺の歩行者空間の整備状況（2016 年）［04］
2 カルヴェボッド・ボルイエ

吹抜けは内港に向けて内外が一体化されたデザインが施され、夜間にはそこから漏れる光が水辺を彩る。対岸に目を向けると、帆船のような形をした歩行者・自転車専用橋「サークル・ブリッジ」（p.53）が水上に軽やかに浮かぶ。

ガメルドックとクロイヤー広場の集合住宅、インナーハーバー・ブリッジ

さらに先へと進み、対岸に目を移すと、古い倉庫が建ち並ぶ地区が広がる。その倉庫の1つを改修した建物が「ガメルドック」である。水辺に面したファサードの中層部に張り出すテラスが、内港を眺める格好の場を提供するとともに外観上のアクセントにもなっている。

その先では、赤茶色の凹形煉瓦の外壁が周囲の倉庫群と調和しつつも独特の形状にデザインされた「クロイヤー広場の集合住宅」が目をひく。その広場に設置された水辺のデッキにも人々が思い思いに過ごす姿を目にすることができる。

そして、さらに先には、2015年に整備された歩行者・自転車専用橋「インナーハーバー・ブリッジ」（p.56）が両岸を結び、有数の観光地ニューハウンへの対岸からのアクセスが確保されている。

デンマーク王立プレイハウスとオペラハウス

ニューハウンの奥、内港に向けて張り出すように建つ「デンマーク王立プレイハウス」前のデッキも、常に多くの人で賑わう。さらにその先には、水上に浮かぶように建つ「デンマーク王立オペラハウス」の優雅な姿が望める。

4

3　ハーバーバス
4　リルランゲ・ブリッジ
5　BLOX と段状のウッドデッキ

5

その他の諸施設

　こうした建造物に加え、水辺沿いには多彩な施設が整備されており、アクティビティを誘発することで賑わいを演出している。デンマークでは公園に海辺の砂浜を意識したような砂場が設置されることが多いが、ここ内港にも水上に砂場が浮か

び、日光浴や飲食を楽しむ姿も見られる。また、水辺にトランポリンなどの遊具が設置されているところもある。加えて、船舶を利用した水上ホテル、夏には水上カフェやレストランも出現する（p.118）。

水上の乗り物

　コペンハーゲンの水上には、多様な乗り物が緩やかなスピードで行き交い、街なかにありながら目にも優しい穏やかな風景が広がる。水上バスは、市民の重要な移動手段であり、スーツ姿の会社員も目にする。また、水辺にはカヤックや小型ボートなどの貸出所が並び、観光客も都会の水上空間を自由に楽しむことができる。非日常とも言える水上からの観光は、記憶に残る貴重な体験となる。なかでも、太陽光エネルギーで動く８人乗りのボートで水上を巡るゴーボート（GoBoat）で

は、パーティーができるサービスも用意されており、コペンハーゲンならではの美しい水環境を満喫できる。

　一方、カヤックのサークルをはじめとして市民にも積極的に活用されており、どこからともなく現れたユニークな乗り物が水辺の人々を楽しませるなど、微笑ましい光景に出会えることもある。

　このように、コペンハーゲンの水辺には歩行者にやさしい散策路と建築、そして様々な諸施設と乗り物が集まることで、人間を中心とした魅力的な空間と賑わいが総合的に生み出されている。

19　水上バス
20　ゴーボート
21　運河クルーズツアーの運行ルート［35］
22　観覧船
23　カヤック
24　ユニークな自家用ボート
25-27　カヤック等のレンタル施設

20　GOBOAT

21　Starting point　Kvæsthusbroer

ニューハウン

デンマーク・コペンハーゲン
1980 年

名称　：Nyhavn
開設年：1980
所在地：Copenhagen, Denmark

　1673 年に完成した北欧最古の人工港の周囲に築かれた「新しい港」という名の港町。かつては自動車が行き交い、水夫が飲み歩く船着場であったが、1962 年のストロイエ（p.24）の成功から歩行者空間の整備が市内に広がるなか、1980 年に歩行者専用空間へと改修された。以降、レストランやショップが入居し、多くの来訪者で賑わう有数の観光地へと生まれ変わった。

　運河沿いに色とりどりの建物が連なる街並みは、デンマークを代表する景観の 1 つに数えられる。通りにはテーブルやパラソルが並び、大道芸等のパフォーマンスがさらなる賑わいを添える。鮮やかに彩色された妻面と停泊するヨットが奏でるリズム感が、街歩きの楽しさを引き立てている。

1　オープンカフェが連なる通り
2　車が行き交っていたかつての様子（1979 年）
3　歩行者専用空間に生まれ変わった現在の様子
4　運河と色とりどりの街並み

クイーンルイーズ・ブリッジ

デンマーク・コペンハーゲン
1887 年

名称　　：Queen Louise Bridge
設計者：Vilhelm Dahlerup
開設年：1887
所在地：Copenhagen, Denmark

　コペンハーゲン中心部、西端に横たわる湖に架けられた花崗岩製の石造橋。名称は竣工時の女王にちなんでつけられたもので、1997 年には歴史的建造物のリストに加えられた。

　全長約 200 m・幅約 27 m のこの橋の特徴は、両側にある歩道幅の合計が約 13 m あり、車道とほぼ同じ幅でつくられている点にある。広い歩道には長テーブルやベンチが置かれ、移動カフェな

どが店を構える。加えて、DJ やコンサートなどのイベント会場としても活用されており、単なる通路としての機能を超えたアクティビティの場としての役割も果たしている。

　また、橋の両端に芝生と樹々に覆われた半円状のスペースが設けられており、人々に憩いを提供するとともに、様々な活動が行われる舞台としても利用されている。

1　外観
2　配置図 [○]
3　建て替え前の橋の様子（1867 年）
4　橋上で DJ をするパフォーマー
5　橋上のテーブルとベンチ

6　橋上の出店
7　イベントに集う人々
8　橋詰めのベンチ
9　橋詰めの緑地スペース

ウエスタンハーバー地区

スウェーデン・マルメ
2001 年

名称　：Western Harbour
設計者：Klas Tham, City of Malmö Planning Office, etc.
　　　　Santiago Calatrava［増築］
開設年：2001, 2005［増築］
所在地：Malmö, Sweden

　対岸のコペンハーゲンと連絡橋で結ばれた、スウェーデン第 3 の都市マルメの海辺に広がる再開発地区。かつて造船業などで栄えたものの荒廃していた 187 ha のエリアが、2001 年に開催された住宅博覧会「Bo01」をきっかけとして「持続可能性」の視点から総合的に開発された。具体的には、エネルギー供給と廃棄物処理を管理するための独自のシステムの開発、緑地と生物多様性への配慮、環境負荷を低減する自動車交通の構築といった多くの試みが実践されている。

　西側の海に面するエリアには、中層の集合住宅が並び、海辺の通りに沿って段状のウッドデッキが連なる。集合住宅の奥には、ヒューマンスケールの路地や庭、水辺を持つ低層のテラスハウスが建ち並ぶエリアが展開する。一方、南側には芝生のスカンニア公園が広がる。

　海辺のウッドデッキは住民や来訪者の憩いの場となっており、特に夏場は数多くの海水浴客であふれる。段差のあるデッキでは、行き交う人、座って談笑する人、寝転ぶ人、遊ぶ子供たちなど、思い思いに時を過ごす人々がうまく共存している。また、時にダンス会場になったり、ピクニックコースになったりと、多様なアクティビティにも活用されている。デッキの先には海へと続くコンクリートの階段があり、簡単に海に降りることもできる。そこでは、海水浴客のみならず、朝夕に水浴する近隣住民の姿も見受けられる。

　内陸部のテラスハウスエリアでは、中層の集合住宅が冬の厳しい海風を遮り、ランダムに配されたテラスハウスが親密な路地空間を創出している。加えて、水辺や中庭が各所に効果的に設けられており、プライベートでアウトドアライフを楽しむ光景も見られる。遠方には、構造家のサンティアゴ・カラトラヴァが設計した高層建築「ターニン

グトルソ」がそびえる。

　一方、南側のスカンニア公園には、緩やかに起伏する芝生が広がり、点在する彫刻やベンチが場のアクセントになっている。公園からは、海上に浮かぶリバースボルク野外浴場（p.136）を望むことができる。

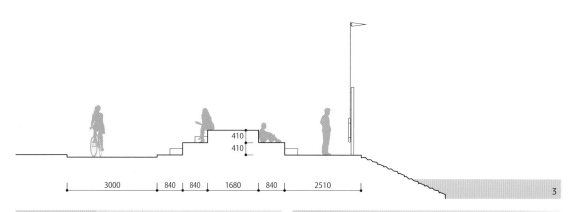

3

010　50　　　　　200m

4

7

ハマールビュ・ショースタッド地区

スウェーデン・ストックホルム
2016 年

名称　　：Hammarby Sjöstad
設計者：Urban Planning and Environmental
　　　　　Coordination Committee, etc.
開設年：2016
所在地：Stockholm, Sweden

　ストックホルムの中心部、ハマールビュ湖周辺に広がる大規模再開発地区。繊維をはじめとする工場が立地していたことから地盤が汚染されていたエリアであったが、環境負荷を半減する先進的環境都市を目指すプロジェクトが立ち上げられ、廃棄物や下水のエネルギー活用、太陽光発電、バイオガスで動く水上バスやLRTの導入などの取り組みが進められた。

　湖とシクラ運河に面する水辺には、水上に突出した遊歩道が設置され、水と親しめる場が生み出されている。湖越しに望む対岸の景観も美しい。

　水辺に建つ中層集合住宅には、内陸側に中庭を設けたコの字形平面の建物が多い。1階部分は、階段で運河につながっていたり、ピロティで通り抜けられたりと、水辺に対して開きつつ、容易にアプローチできるデザインが施されている。

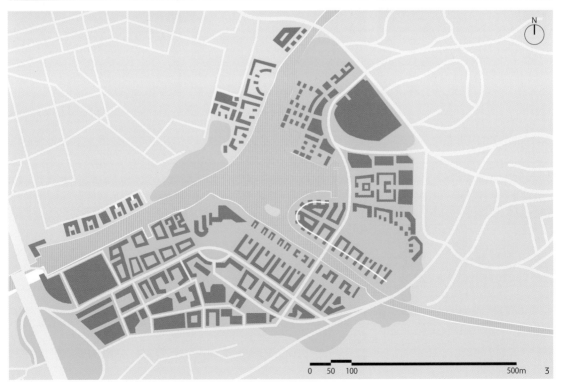

0　50　100　　　　　　　　　　　500m　3

1-2　水辺の遊歩道
3　配置図 [37]
4　湖越しの風景
5　水上に浮かぶ遊歩道
6　水上バスの発着所
7　水辺へのアプローチ

様々な水上施設

北欧では、夏の訪れとともに海・湖・川などの水上に様々な施設が登場し、水辺を存分に楽しむことができる。

レストランやカフェはもちろんのこと、サウナ発祥の地であるフィンランドでは水上サウナまでもが出現する。なかには貸切でレンタルできるところもあり、パーティーや会議、会社の懇親会な

どにも利用されているようだ。

一方、停泊船を利用したホテルは、小さな小型船から大型の船舶まで多種多様で、年間を通して営業しているものも多い。

また、スウェーデンのマルメやフィンランドのユヴァスキュラでは、水上に浮かぶ住宅も見られる。

1

2

3

1-3　コペンハーゲンの水上カフェ
4　コペンハーゲン・ペブリンゲ湖の水上レストラン
5　ヘルシンキ・ハカニエミ港の船上カフェ
6　フィンランド・ユヴァスキュラ湖の船上レストラン
7　フィンランド・ポルヴォーの船上レストラン
8　スウェーデン・マルメの水上住宅
9　フィンランド・ユヴァスキュラ湖の水上サウナ
10　ヘルシンキ・ハカニエミ港の水上サウナ
11　オスロの水上サウナ
12　ストックホルムの船上ホテル
13　建物下にカヤック等を停泊できるコペンハーゲンの水上ホテル
14-15　コペンハーゲンの船上ホテル

Beach & Sauna
ビーチ・サウナ

ビーチとサウナは、裸というありのままの姿で自然と触れあい、心身を解放するという格別の体験ができるパブリックスペースである。北欧の人々は、夏になると冬の鬱憤を晴らすかのように屋外での生活を楽しむが、なかでも海水浴は人気のアクティビティの1つである。

　北欧では、広がる水面に対して、基盤となるデッキや囲われた領域を整えつつ、休憩スペースやトイレ・更衣室・飛び込み台といった建築的設えを併設した人工のビーチに人々が集う。近年は海水を利用したプールを新設する再開発事例も増え、都心にいながら安全に海水浴を楽しめる機会を創出している。

　一方、サウナの本場である北欧では、公共サウナの存在が見直されており、都市の活性化に有効なパブリックスペースとしても活用されている。フィンランド・ヘルシンキでは都心の水辺に公共サウナが新設され、新たな観光スポットになるほどの人気を集めている。そうした公共サウナは、利用者が体を整えリフレッシュできるだけでなく、利用者同士の交流の場としても重要な役割を果たしている。対して、スウェーデン・マルメの海上にある木造の野外浴場は、120年を超える歴史の中で台風等により何度も倒壊を繰り返しながらもその都度再建され、地域住民に愛され続けてきた公衆浴場である。

カルヴェボッド・ボルイエ

デンマーク・コペンハーゲン
2013 年

名称　　：Kalvebod Bølge
設計者：JDS Architects
開設年：2013
所在地：Copenhagen, Denmark

　ハーバーバス（p.126）の対岸に設置された桟橋。内港エリアに、陸から水面へと人を導く新たな動線を加え、水上に新たな風景と様々なアクティビティを生み出しており、ハーバーバスとともにこのエリアを活気づける重要な要素になっている。

　護岸から水面に飛び出した遊歩道が連なる2つの三角形を形成し、北側が遊泳場、南側が遊船場と大きく区分され、カヤックやボートの貸出所も設置されている。

　遊歩道では、随所に高低差や段差を設けることで、日光浴や休憩、海への飛び込み、ウォーキングやサイクリングといった多様なアクティビティをうまく共存させている。また、遊歩道上に配されたベンチ・遊具・展望台などが、水上散歩を楽しむ有効な装置として機能している。

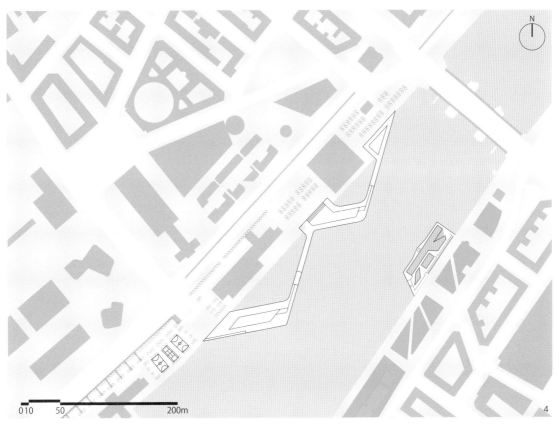

1 デッキ上に設置された遊具　4 配置図 [30]
2 段差がつけられた桟橋　　　5 飛び込み台
3 デッキ上で憩う人々

コペンハーゲンのハーバーバス

デンマーク・コペンハーゲン
2003 年

名称 ： Copenhagen Harbour Bath
設計者： Bjarke Ingels Group (BIG), JDS Architects
開設年： 2003
所在地： Copenhagen, Denmark

　カルヴェボッド・ボルイエ（p.124）と向かい合うように浮かぶ海水プール。下水や工業排水により汚染が進み、1953 年には水泳が禁止されるほどだった内港エリアにおいて、水質改善の取り組みが実を結び、2003 年に新設されたこのプールは、同エリアの復活を象徴する施設とも言える。このプールが成功を収めたことで、その後各地で同様の試みが見られることになったが、そうした水辺開発の先駆的な事例とも位置づけられる。

　600 人を収容できる施設内には、競泳用・子供用・飛び込み用の各種プールが配され、工業地だっ

た雰囲気が残る水辺に新たな風景を提供することをテーマにデザインされた。その計画では、隣接する公園との連続性を重視することに加え、監視塔を中心として放射状にプールを配置することで死角をなくすこと、視覚に障害がある利用者にも配慮して注意深く手すりが設置されていることなど、安全面でも行き届いた設計が施されている。

　都会で水遊びと日光浴を満喫できるこの施設には、砂浜に行くような感覚で市民が集い、独自の賑わいと活気に満ちた場が形づくられている。

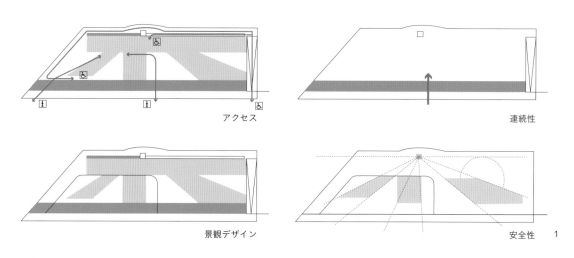

アクセス

連続性

景観デザイン

安全性　　1

2

1　コンセプト図 [30]
2　鳥瞰全景
3　子供用プール
4　海水プール
5　飛び込み台

オーフスのハーバーバス

デンマーク・オーフス
2017 年

名称　：Aarhus Harbour Bath
設計者：Bjarke Ingels Group (BIG), Gehl Architects
開設年：2017
所在地：Aarhus, Denmark

　デンマーク第2の都市オーフスの港に設置された公共プール。これ以外にも、同市のウォーターフロントには、集合住宅や複合施設をはじめとして質の高い公共空間が多数生み出されている。

　水上に突き出す大胆なアイデアは、コペンハーゲンのハーバーバス（p.126）の設計者でもあるBIGとヤン・ゲールの建築事務所との協働のもと、「最小の構築物で最大の人間活動を生み出すこと」をコンセプトに編み出された。海辺の歩道からそ

のまま海を回遊できる木製のデッキが周囲を巡り、その内側の水面に近いレベルのデッキには、円形のダイビングプール、50 m プール、子供用プールが配され、デッキ下にサウナ、更衣室、レストランを備える。

　水浴客以外の人々も水辺を楽しむことができるこの施設は、公共の領域を水上にまで拡張することで、エリアに新たな命を吹き込むことに成功している。

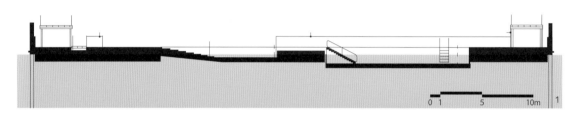

1　断面図 [A]
2　円形プール
3　鳥瞰全景
4　50 m プール
5　対岸より望む
6　配置図 [A]

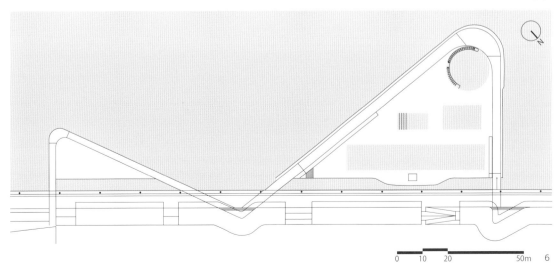

0　10　20　　　　50m　6

ベルヴュー・ビーチ

デンマーク・クランペンボー
1934 年

名　称：Bellevue Beach
設計者：Arne Jacobsen
開設年：1934
所在地：Klampenborg, Denmark

　コペンハーゲン北郊のクランペンボーにある全長 700 m のビーチ。地区の憩いの場として年中賑わい、人気の高いビーチの 1 つに数えられる。

　1930 年にリゾート開発が始まったベルヴュー地区は、デンマークでも早期の開発事例に位置づけられる。1932 年の設計競技に勝利したヤコブセンは幼少期をここで過ごし、加えて卒業設計でも取り上げており、彼が慣れ親しんだ土地であった。

　全体の構成としては、隣接する公園とビーチの高低差を活かす形で公園の地盤面に屋根を揃えた更衣室を設計し、ビーチを取り囲むように配置している。青と白のストライプが印象的な監視塔も、設計競技時のデザインのまま現存する。さらには、チケットやスタッフのユニフォームに至るまで、すべてのデザインをヤコブセンが手がけた。

　その後、同地区では、ベラヴィスタの集合住宅（1934 年）、ベルビュー劇場（1937 年）などの諸作品を設計している。

1　更衣室出入口
2　更衣室
3　ビーチと監視塔

カストラップ・シーバス

デンマーク・カストラップ
2004 年

名　称：Kastrup Sea Bath
設計者：White Arkitekter
開設年：2004
所在地：Kastrup, Denmark

　カストラップ空港近くの海水浴場に浮かぶ木造の施設。ダイナミックなフォルムを持つ構造物には、更衣室とトイレ、飛び込み台が配されている。

　砂浜からのびる桟橋の先には、外周で半径約19 m の円弧を描くデッキが続き、半径約 14 m の海水面を内包する。様々な幅に切断された板がランダムに並べられた外壁が風を遮り、内部で海水浴や日光浴を楽しむことができる。年中 24 時間、無料で開放されており、夜間に使用される光景も見られる。

　シンプルな形状ながら、木製ルーバーによる外壁越しに利用者のシルエットが動くことで、外観に変化が現れる。また夜になると、入念に計画された照明が施設を浮かび上がらせ、日中とは異なる幻想的な姿を見せる。

1-2　内観
3　桟橋から見た全景

アッラス・シープール

フィンランド・ヘルシンキ
2016 年

名　　称：Allas Sea Pool
設計者：Huttunen-Lipasti Architects
開設年：2016
所在地：Helsinki, Finland

　マーケット広場（p.76）の南東、ヘルシンキ港に突出するようにつくられたプールとサウナを主とする複合施設。レストラン、カフェ、屋上テラス、観覧車などが併設されている。

　海上に浮かぶ広大な木製デッキに海水と淡水の2つのプールが配され、背後に階段状のテラスが控える。プールサイドや屋上テラスに加え、個室サウナも備える観覧車からは、ヘルシンキ大聖堂をはじめとする街と港の風景を一望できる。喧騒が辺りを包むなか、街の空気感を全身で感じることができるこの施設は、観光客と住民の双方にここでしか味わえない心躍る体験を提供している。

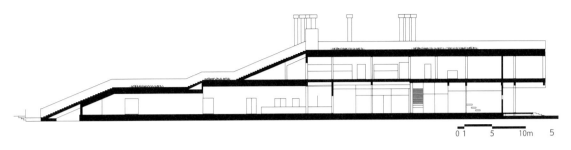

0 1   5   10m   5

1 海水プール
2 夜の温水プールと街並み
3 日光浴を楽しむ人々
4 対岸より望む
5 断面図 [38]
6 配置図 [38]
7 屋上テラスからヘルシンキ大聖堂方面を望む

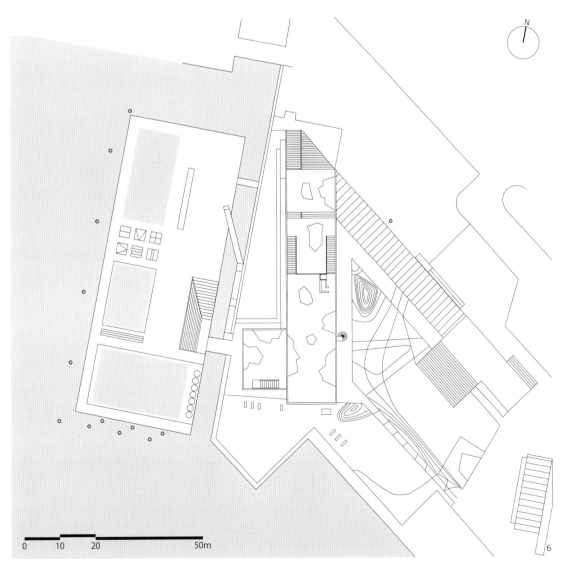

0 10 20   50m

6

リバースボルク野外浴場

スウェーデン・マルメ
1898 年

名　称：Ribersborgs Kallbadhuset
開設年：1898
所在地：Malmö, Sweden

　マルメ港の西に広がるビーチの先、海上に建つ木造の野外浴場。カフェとレストランも併設されており、サウナや海水浴を楽しむ地元住民の交流の場として活用されている。

　遊歩道からのびる桟橋を進み、エントランスホールを抜けると、更衣室が付属する回廊が水面を取り巻くスペースが広がる。さらにその奥の先端に温浴施設があり、海を望むサウナでは水上にいる感覚を存分に味わうことができる。入浴後には、回廊スペースの水面に飛び込む人もいれば、外周の海に飛び込む人もおり、思い思いに体を冷ます姿が見られる。

　長年にわたり住民に愛されてきたこの施設は、1898 年にオープン後、天災等により幾度となく倒壊しながらも、そのつど再建されてきた歴史を有する。1966 年に市が購入して以降は市が運営を担っており、1995 年には歴史的建造物に指定された。

1　桟橋のアプローチ
2　鳥瞰全景
3　1950 年の様子
4　1962 年の様子
5　カフェ

クルットゥーリ・サウナ

フィンランド・ヘルシンキ
2013 年

名称　：Kulttuurisauna
設計者：Tuomas Toivonen, Nene Tsuboi
開設年：2013
所在地：Helsinki, Finland

　ヘルシンキ中心部、ハカニエミ港に建つ海辺の
サウナ。サウナ発祥の地であるフィンランドでは、
近年、都市の活性化に貢献する施設として公共サ
ウナに注目が集まっているが、名称に「文化」を
意味する Kulttuuri の語を冠したこのサウナはそ
の先駆けとも言える公共施設である。

　遠方からも際立つ白い優美な外観には、木造に
よる洗練された現代的な感覚と古典的な雰囲気が
共存している。入浴後は裏手のテラスで体を冷ま
すこともでき、そのまま目前の海に飛び込む人の
姿も見られる。

　またこのサウナでは、建築に関するセミナーや
各種イベントなども行われており、その名の通り
文化交流の拠点としても機能している。

1　正面側外観
2　裏側外観
3　平面図 [39]

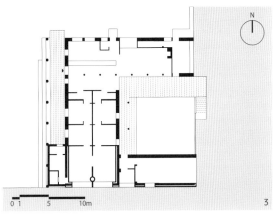

ロンナ・サウナ

フィンランド・ヘルシンキ
2017 年

名称　：Lonna Sauna
設計者：OOPEAA
開設年：2017
所在地：Helsinki, Finland

　ヘルシンキ市内の群島の 1 つ、ロンナ島に建てられた公共サウナ。全周 500 m ほどの小さな島には、19 世紀のロシア支配期に築造された歴史的建造物が残り、軍事目的に使用されていたが、2014 年から一般公開されている。

　亜鉛板の傾斜屋根が架けられた木造のサウナでは、薪ストーブによる伝統的なスモークサウナを楽しめ、フィンランドのサウナに感じられる穏やかで神聖な感覚が現代的な建築の形で再現されている。男用・女用・混浴用の 3 つのボリュームの隙間から海側へ抜けると、段差が設けられたテラスで涼むことができ、そこから続く飛び石が海へと誘う。大型客船が航行する海で人々が水浴する様子は、ヘルシンキならではの光景と言えよう。

1　配置図 [30]
2　断面図 [30]
3　サウナ前の水辺
4　テラスで涼む人々
5　水浴する人々と大型船
6　海側外観

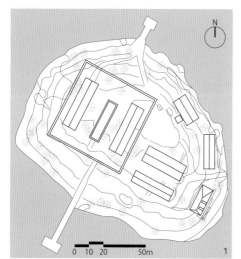

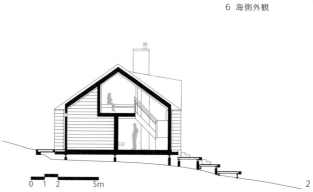

ロウリュ

フィンランド・ヘルシンキ
2016 年

名称　：Loyly
設計者：Avanto Architects
開設年：2016
所在地：Helsinki, Finland

　市内中心部から南におよそ 2km、かつて工業地であった海辺に建つ公共サウナ。沿岸一帯を公園にする計画に含まれる敷地内に立地するため、建物は公園全体の連続性を切断しないよう細長い形状にデザインされ、公園の一部として設計された。また、今後整備される住宅街からの眺めを遮断することのないように、ボリュームも可能な限り低く抑えられている。

　建物は、コンクリートのボックス状の空間を鉄骨と木のルーバーによる外皮で包み込むことで独特の有機的なフォルムが生み出されている。その外皮は階段状にデザインされており、各所からのぼることもできる。海を望む屋上では、体を冷ます入浴客と来訪者が入り混じる光景が広がる。

　内部は、サウナとレストランの 2 つで構成され、いずれからも海と市街地が織りなす風景を眺めることができる。木製のルーバーが内部に穏やかな光と陰影を生み出しつつ、建物内外に緩やかな関係性をもたらしている。

1　断面図 [30]
2　配置図 [30]
3　来訪者で賑わう屋上
4　サウナ
5　暖炉が設置されたラウンジ
6　外部階段より海を望む
7　鳥瞰全景

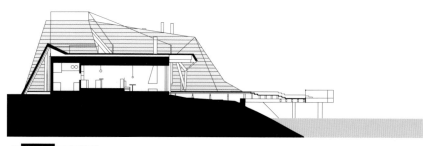

0　1　　5　　　10m

1

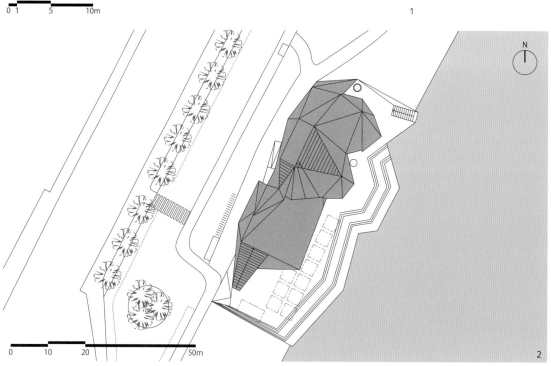

N

0　　10　　20　　　　　50m

2

Rooftop
屋上

機能主義が席巻した近代以降、フラットルーフの建物が主流となるなか、近年の北欧では人工的なランドスケープとして屋根や屋上を活用した新たなパブリックスペースが増えつつある。地上面から連続してアクセスしやすい空間は、住民や観光客の散歩や休憩にも使われるなど、建物を街に開き、回遊性を生み出す効果もある。

　さらに、平坦な都市景観の中に突出する大屋根の斜面が新たなアクティビティを創出している事例も見られる。デンマーク・コペンハーゲンの発電所コペンヒルでは、屋根をスロープにすることで草スキーやハイキングなどを楽しめるレジャー空間に転換されている。また、ノルウェー・オスロのオペラハウスを覆うスロープ状の大屋根は海中にまで連続し、街なかで水と触れ合う機会を提供している。

　また、そうした屋上空間は、街や周辺の景色を見下ろす絶好のスポットにもなっている。教会や市庁舎などからも街を望むことはできるが、広大な斜面や大屋根では一度に多くの人々を迎え入れることができ、来訪者はそこで自由に行動できる。斜面は、昇り降りする楽しさを与えるとともに、腰を下ろして休んだり、景色を眺めたりする場所にもなる。屋根の斜面や屋上は、思いがけないアクティビティが生まれるパブリックスペースとなる可能性を秘めている。

コペンヒル

デンマーク・コペンハーゲン
2013 年

名称　：Copenhill
設計者：Bjarke Ingels Group (BIG)
開設年：2013
所在地：Copenhagen, Denmark

　再開発が進められているアマー島にそびえる、緑化された大斜面が目を引く発電施設。2025 年までにカーボンニュートラルを実現させる市の取り組みの 1 つとして建設されたもので、廃棄物処理時に発生する熱を発電に利用するサーマルリサイクルのシステムが導入されている。

　設備を高さ順に配置することで生み出された屋上の斜面は、スキーやハイキングなどのアクティビティを楽しめる場として市民に開放されており、都心の風景を眼下に見下ろす展望台の高さは 85 m、全長約 400 m のスロープが地上へと下り、脇にハイキングコースが並行する。加えて、建物外壁には難易度が異なる 4 つのクライミングウォールも併設されている。一方、施設内では、アルミ製のボックスを網目状に積み重ねたファサードの隙間から潤沢な自然光が採り込まれ、明るくクリーンな空間が広がる。

　設計者のビャルケ・インゲルス自身が「持続可能な都市は環境にとってより良いだけでなく、市民の暮らしにとってもより楽しい場であるべきだ」と語っているように、この斬新な建物には、発電所という施設に新たな機能を付与することで都市における新たなレジャーの場を提供するという優れた発想が感じられる。さらに、施設内には環境学習に関する展示も行われており、教育の拠点としても活用されている。

1　草スキーを楽しめる斜面　　5　散策路
2　断面図［A］　　　　　　　6　頂上の休憩所
3　斜面からの眺め　　　　　　7　鳥瞰全景
4　階段とリフト

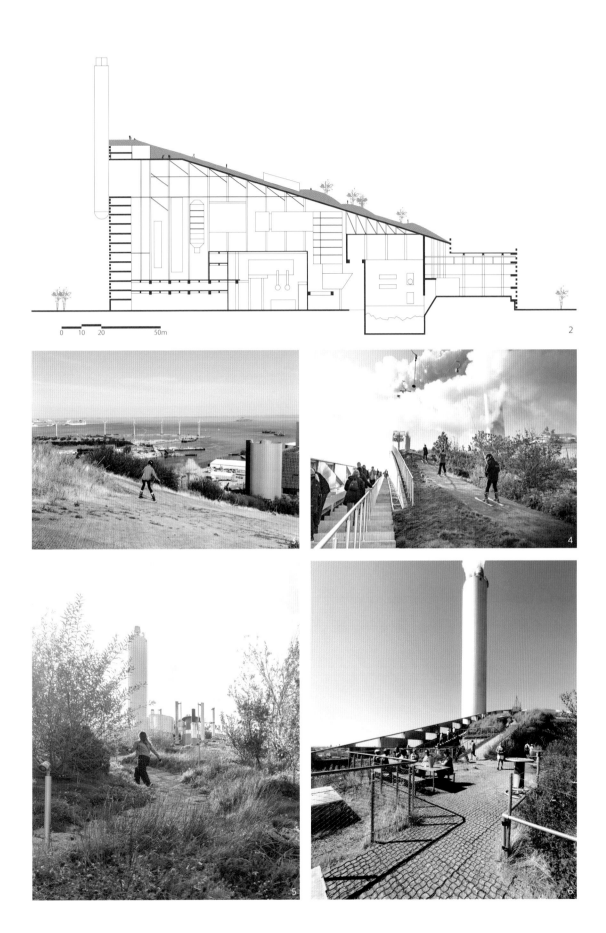

モースゴー先史博物館

デンマーク・ホイビヤ
2014 年

名称　：Moesgård Museum
設計者：Henning Larsen Architects
開設年：2014
所在地：Højbjerg, Denmark

　デンマーク第2の都市オーフス近郊、ホイビヤという名の街の小高い丘に建つ博物館。

　さらなる眺望を楽しめる高台をつくるように、ダイナミックな芝生の大屋根が地面から立ち上がる。大斜面の芝生では、座って景色を眺める人、散歩やピクニックを楽しむ人、走り回り遊ぶ子供たちなど、雄大なランドスケープをめいめいに満喫する姿が見られる。加えて、演劇やマーケットといったイベントが開催されたり、冬場にはソリの滑走路としても使用されたりと、観光客のみならず地域住民にも親しまれ、様々な形で活用されている。

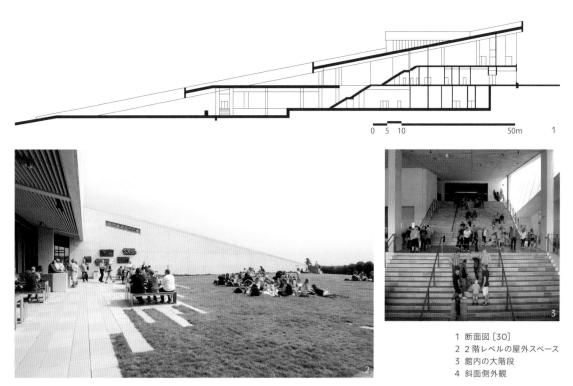

0　5　10　　　　　　　　50m　　1

1　断面図［30］
2　2階レベルの屋外スペース
3　館内の大階段
4　斜面側外観

ガンメル・ヘレルプ高等学校体育館

デンマーク・ヘレルプ
2010 年

名称　：Gammel Hellerup Gymnasium
設計者：Bjarke Ingels Group (BIG)
開設年：2010
所在地：Hellerup, Denmark

　同校の卒業生である建築家ビャルケ・インゲルスが設計を手がけた体育館。既存の校舎に囲まれた中庭の地下を 5 m 掘り込み、増築された。

　屋外広場のユニークな形状は、湾曲する集成材の梁により中央部が盛り上げられた体育館の天井の形がそのまま現れたものである。ウッドデッキで覆われた曲面床には、スチールプレート製の環状ベンチ、小ぶりなテーブルと椅子が点在し、空間のアクセントになっている。休み時間には、学生たちが頂上で会話を楽しんだり、斜面や椅子で休んだりと、独特のデザインが有効に使われている光景が見られる。一方、夜間には、テーブルと椅子の下に設置された照明が点灯し、昼間とは一変して幻想的な風景が出現する。

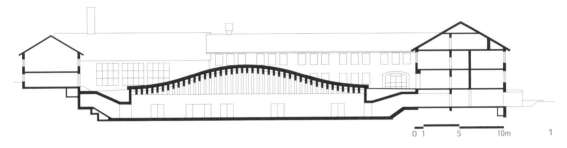

1　断面図［30］
2　夜景
3　ベンチ座面下の LED 照明
4　鳥瞰全景
5　体育館内部

アモス・レックス美術館

フィンランド・ヘルシンキ
2018 年

名称　：Amos Rex Museum
設計者：JKMM Architects
開設年：2018
所在地：Helsinki, Finland

　ガラス宮およびラシパラツィ広場の地下につくられたアモス・レックス美術館の屋上に広がる広場。大小 5 つの山形の突起物が配され、それぞれにくり抜かれた丸窓が美術館のスカイライトの役割を果たしている。

　ランダムに隆起した広場は、都市の憩いの場として機能するとともに、子供たちにとっては格好の遊び場にもなっている。波打つ形状のためイベントには不向きな場所ではあるものの、エリアの新名所として新たな来訪者を惹きつけている。

1　断面図［30］
2　全景
3　美術館のスカイライトでもある突起物

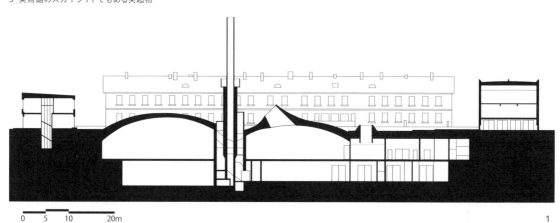

0　5　10　　20m

1

2

オスロのオペラハウス

ノルウェー・オスロ
2007 年

名称　：Oslo Opera House
設計者：Snøhetta
開設年：2007
所在地：Oslo, Norway

　フィヨルドに面して建つオペラハウス。氷山を思わせる外観にノルウェーらしさが感じられる。

　ガラスのボリュームの周囲を巡るように大理石が敷き詰められたスロープ状の大屋根が、建物を特徴づけるとともに、様々な活動の舞台にもなっている。屋上から緩やかに下る斜面は海中へと続き、街なかで海に触れることのできる親水空間を形づくる。

段状に傾斜する大理石の床面では、景色を楽しむ人、座って談笑する人など、思い思いに時を過ごす人々が集う。大理石の白がそうした人々の営みを際立たせている対岸からの眺めが、海辺の景観を活気づけている。

　なお、近年、オペラハウスの周辺では図書館や美術館が新設されており、再開発が進むエリアとして注目を集めているところである。

1　断面図［A］
2　対岸より望む
3　配置図［A］
4　大屋根で憩う人々
5　上階から景色を楽しむ人々
6　大屋根より海を望む
7　海中へと続く大屋根の水際

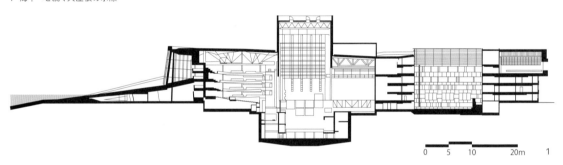

0　5　10　　20m　　1

2

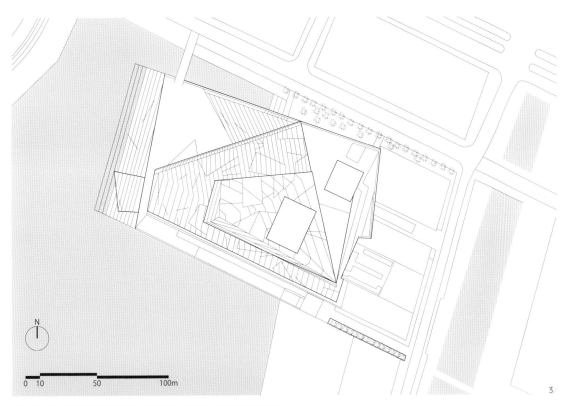

Playground
遊び場

北欧では、遊べる空間が大切にされており、地域に開かれた個性的な遊び場が多い。また、子供だけでなく、スケートボードやバスケットボールなどのスポーツを楽しめる若者抜けの遊び場も多数見られる。本章ではプッケルボールというスポーツの競技場を紹介しているが、ランダムに波打つ芝生の上で行うサッカーのようなその競技には遊び心と創造力が感じられる。

　こうした遊び場の設計においては、子供向けのデザインワークショップ、子供たちによる市長へのプレゼンテーション、移民を含めた住民へのヒアリングなど、住民参加のプロセスが多様な方法で実践されている。なかでも、レゴが本社を構えるデンマーク・ビルンにつくられたプレイコントラクトは、子供たちがレゴブロックで制作したモデルをベースに遊具がデザインされた興味深い事例である。また、コペンハーゲンのスーパーキーレンとバナンナパークは、荒廃していた地域を再生するために、遊びをテーマに掲げて計画された公園で、完成後にその効果が見事に発揮された事例に位置づけられる。

　幼少期や若い頃に遊んだ場所の原風景は年を経ても記憶に残るため、住民に親しまれる遊び場を整備することは、地域の将来を担う若い世代を育成していく上で非常に価値ある方策と言えるだろう。

スーパーキーレン

デンマーク・コペンハーゲン
2012 年

名称　：Superkilen
設計者：Bjarke Ingels Group (BIG), Superflex, Topotek 1
開設年：2012
所在地：Copenhagen, Denmark

　コペンハーゲン北部、ノアブロ地区に整備された全長約 750m の公園。同地区には 50 カ国を超える様々な国からの移民が居住し、犯罪も多かったことから、治安の向上を目的にコンペが行われ、国鉄車庫の跡地が公園にリノベーションされた。園内には、住民へのヒアリングをはじめとする入念な調査をもとに 57 の国を代表する遊具が配されている。また、防犯対策として樹木による死角をなくし、できるだけ開放的にしている点も特徴である。

　ヨーロッパの公共空間は「調和」を前提にデザインされることが一般的だが、この公園では「多様性」をそのまま受け入れるようなデザインが施されている。全体は「赤の広場」「黒の広場」「緑の広場」の 3 つのゾーンに区分され、色彩に基づいて各ゾーンが特徴づけられている。

　赤の広場では、舗装に塗られた刺激的な赤を主体として、そこに各国の鮮やかな色彩が交わる。タイの国技であるムエタイのリングなど、設置されている遊具には国柄が感じられる。

　対して、黒の広場には、うねる地面とストライプが延々と続いているが、その形状からスケードボードの格好の練習場にもなっている。この広場には日本の職人が製作したタコの滑り台があり、

1　赤の広場
2　配置図［30］
3-6　赤の広場

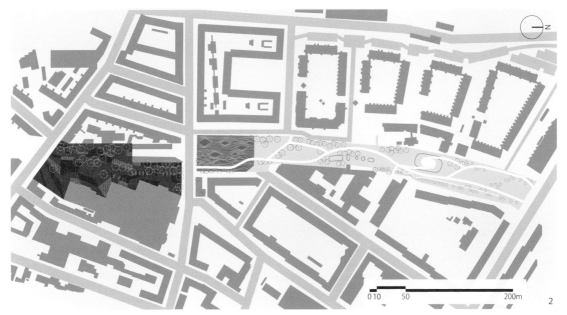

2

3

4

5

6

人気を博している。

　続く緑の広場は、芝生と樹木に覆われた緑あふれるゾーンである。ここにも、各国のストリートファニチャーや遊具、スポーツコートなどが随所に設置されている。

　この公園が新設されたことで、地区外からの来訪者も増え、加えて犯罪も減少し、住民からの反応も良いという。複数の言語で表記された案内板、各国の言語で「一緒に暮らしていこう」というスローガンが記された石碑にも、地区の多様性を受け入れていく姿勢が垣間見える。

7-9 黒の広場
10-12 緑の広場
13 石碑

バナンナ・パーク

デンマーク・コペンハーゲン
2010 年

名称　：BaNanna Park
設計者：Nord Architects, Schønherr Landskab
開設年：2010
所在地：Copenhagen, Denmark

　市内北部、ノアブロ地区の工場跡地を市が購入し、同地区で不足していた緑地や遊び場を提供するために整備したコミュニティ公園。入口にはロッククライミングもできる高さ 14m の巨大なゲートがそびえ立つ。中に歩みを進めると、バナナの形をした黄色い盛り土が目を引く。

　園内は「ジャングル」「スクエア」「ローン（芝生）」の 3 つのゾーンに分けられており、様々な使い方を誘導することで公園に多様性を生み出している。既存の木々の中に新たに桜が植えられたジャング

ルは、春の訪れとともに公園を鮮やかに彩る。芝生は主に球技場として使用されており、特徴的なバナナ型の盛り土が観客席にもなる。一方、公園を巡る舗装路は、自転車やローラースケートの走路としても使われている。

　この公園のデザインは関連する多くの市民との対話と議論を通して進められ、小学生が市長にアイデアをプレゼンテーションすることもあったという。そうした市民参加が、公園への愛着をもたらすことにも貢献しているように思われる。

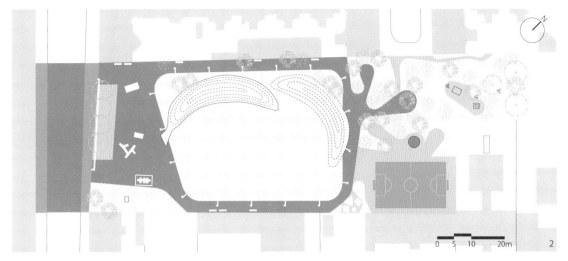

1 入口のゲート　　　4 卓球台とバスケットゴール
2 配置図［A］　　　　5 舗装路とウォールアートが施された周辺建物
3 全景

グルベア小学校の校庭

デンマーク・コペンハーゲン
2010 年

名称　　：Guldberg Schoolyard
設計者：Nord Architects, Schønherr Landskab
開設年：2010
所在地：Copenhagen, Denmark

　スーパーキーレン（p.158）やバナンナ・パーク（p.162）も立地しているノアブロ地区の小学校の校庭。生徒だけでなく、地域住民の広場としても広く開放されており、利用者に応じて多様な使われ方がなされている。

　デザイン上の最大の特徴としては、周辺道路と校庭とを隔てていた塀を撤去し、低いベンチや芝生のマウンドで緩やかに区分させている点が挙げられる。また、道路側に配置された多彩な遊具も、中に入りやすい雰囲気を高めるのに寄与している。こうした周辺道路と校庭との境界部分を大胆に改変するデザインにより、地域の多様な人々が利用しやすくなる基盤が生み出されている。

　校舎に付属する教室棟に目を向けると、3階のテラスから直接校庭に降りられる螺旋の滑り台に驚かされる。その正面には、運動場に加えて、スケートボードやローラースケートができるスロープ、トランポリンやステージなども設置されている。なお、この校庭が整備された後、校舎の裏側にも遊び場が追加された。

　この校庭のデザインはバナンナ・パークと同じ建築事務所が手がけているが、バナンナ・パークでの設計プロセスと同様に生徒たちの意見が採り入れられており、設計初期の段階から提案を出してもらったり、ヒアリングに協力してもらうといったプロセスを経て実現に至っている。

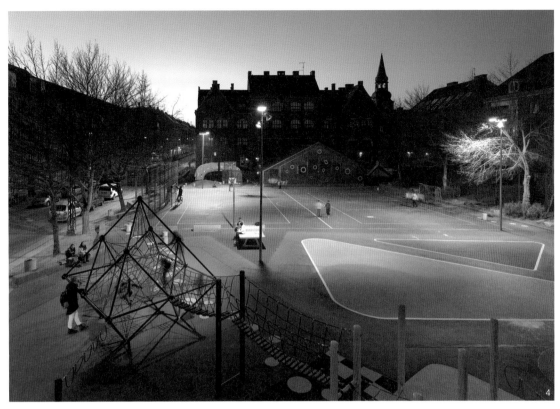

1　道路際の湾曲するベンチ　　　　　　　　4　全景
2　道路との連続性を確保しつつ設置された遊具　5　校舎に設置された螺旋の滑り台
3　道路面と連続する運動場　　　　　　　　6　後に追加された校舎の裏側の遊び場

フェレズパーケン公園

デンマーク・コペンハーゲン
2013 年

名称　：Fælledparken
設計者：Monstrum, Playalive, etc.
開設年：2013
所在地：Copenhagen, Denmark

　かつて軍事演習場であった 58ha の敷地に開設された公園。現在、コペンハーゲンで最も人気の高い公園である。

　数多くの設計事務所がデザインに関わった園内には、北欧最大のスケートボード場をはじめとして、タワープレイグラウンド、ウォーキング・ランニングコース、サッカーコート、球技場、トランポリン、水遊び場など、多彩な施設や遊具が整備されている。なかでも、市内で初めて設置された水遊び場では、雲からスタートし、小川や下水道、そして海へと続く水の循環がデザインされており、遊びと学習の両方の機能を備えた先進的な試みを見ることができる。

4

1 球技場　　　　　4 配置図［40］
2 トランポリン　　5 タワープレイグラウンド
3 スケートボード場　6-7 水遊び場

0　50 100　　200m

ビルン彫刻公園のプレイコントラクト

デンマーク・ビルン
2021 年

名称　：Play Contract in Billund Sculpture Park
設計者：Superflex, KWY.studio
開設年：2021
所在地：Billund, Denmark

世界的な玩具メーカー、レゴの本社があることで知られるビルンの彫刻公園に新設された遊び場。そのデザインにあたっては、市内に住む122人の子供たちに10万個のピンク色のレゴブロックを贈り、遊び場のモデルを制作してもらうというユニークなプロセスがとられた。それらのモデルをもとに、階段・門・橋・壁・デッキ・パビリオン・塔・ピラミッドなどのオブジェクトをピンクの大理石で構築するというアイデアが導かれ、気まぐれな形がコラージュされた遊び場が完成した。

散在するオブジェクトは約300個の大理石のパーツでできており、それぞれが独特の形をしている。各パーツは磨かずに生のまま使用され、様々な道具により切断された痕跡もすべてそのまま残されているが、その複雑な表面が光や天候の変化に反応することで、シンプルな造形の中に多彩な表情が生み出されている。子供と大人の双方のアイデアが融合することで実現された、想像をかき立てる遊び場と言えよう。

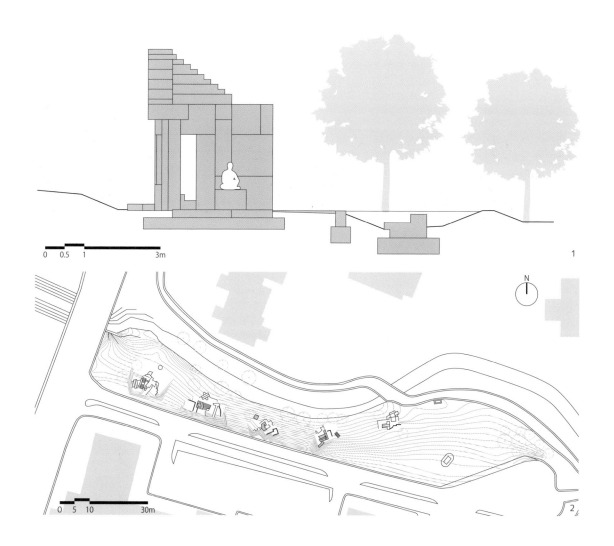

0　0.5　1　　　　3m

1

N

0　5　10　　　30m

2

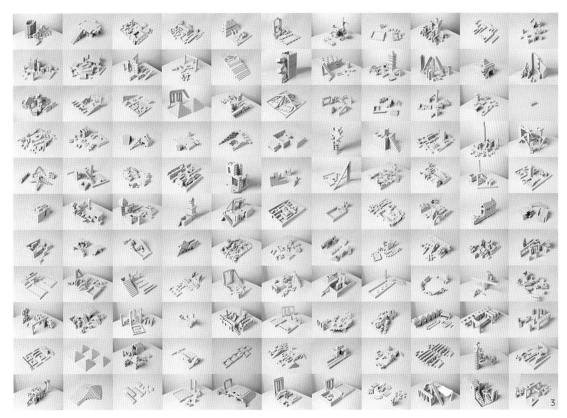

1　断面図［30］
2　配置図［30］
3　子供たちが制作したレゴブロックのモデル
4　大理石の遊具が点在する園内

クロクスベク公園のプッケルボール競技場

スウェーデン・マルメ
2010 年

名称　　：Puckelboll in Kroksbäck Park
設計者：Johan Ferner Ström
開設年：2010
所在地：Malmö, Sweden

マルメ郊外、クロクスベクの公園にスウェーデンの芸術家ヨハン・フェルナー・ストレムが設計した全長 40m・幅 25m のプッケルボールの競技場。不規則に起伏する表面は、粒状のゴムと砂利の上に人工芝を覆うことで形づくられている。曲がりくねったゴールはグラスファイバー製である。

この競技場では、プレイヤーのスキルではなく、フィールドの凹凸が生み出す偶然性によって試合が支配されるため、年齢や性別の違いに関係なく競技を楽しむことができる。それにより、子供たちは、競争や対立といった視点によらずに、よ

り想像力に富んだ形で遊ぶことができるという。ストレム自身、「この競技場は、不公正、不平等、想像力、希望についての提言でもある。ボールは、人生で望むように跳ね返ることは決してない」と語っている。

なお、同様の競技場はストックホルムにも建設されており、市民に親しまれている。他に類例のないこれらの奇妙な競技場は、まちに新たな風景と子供たちを魅了するアクティビティを持ち込んだ好例に挙げられるだろう。

1　競技場で遊ぶ人々（ストックホルム）
2　夜景
3　フィールド表面の起伏（ストックホルム）
4　鳥瞰全景

参考文献

[01] 建物のあいだのアクティビティ、ヤン・ゲール、北原理雄 (訳)、鹿島出版会、2011

[02] 人間の街：公共空間のデザイン、ヤン・ゲール、北原理雄 (訳)、鹿島出版会、2014

[03] パブリックライフ学入門、ヤン・ゲール、ビアギッテ・スヴェア、北原理雄 (訳)、鹿島出版会、2014

[04] 人間の街をめざして：ヤン・ゲールの軌跡、アニー・マタン、ピーター・ニューマン、北原理雄 (訳)、鹿島出版会、2020

[05] ソフトシティ：人間の街をつくる、ディビッド・シム、北原理雄 (訳)、鹿島出版会、2021

[06] パブリックスペース：公共空間のデザインとマネジメント、マシュー・カーモナ、クラウディオ・デ・マガリャエス、レオ・ハモンド、北原理雄 (訳)、鹿島出版会、2020

[07] ウォーカブルシティ入門：10 のステップでつくる歩きたくなるまちなか、ジェフ・スペック、松浦健治郎 (監訳)、学芸出版社、2022

[08] 世界の SSD100：都市持続再生のツボ、東京大学 cSUR-SSD 研究会、彰国社、2007

[09] デンマークのスマートシティ：データを活用した人間中心の都市づくり、中島健祐、学芸出版社、2019

[10] デンマーク　デザインの国：豊かな暮らしを創る人と造形、島崎信、学芸出版社、2003

[11] クリエイティブ・フィンランド：建築・都市・プロダクトのデザイン、大久保慈、学芸出版社、2010

[12] 公衆サウナの国フィンランド：街と人をあたためる、古くて新しいサードプレイス、こばやしあやな、学芸出版社、2018

[13] 世界では建築は民主主義とどのようにつきあっているのか?、勝目雅裕、木村浩之、吉良森子、建築雑誌、2022 年 6 月号、日本建築学会、2022

[14] スウェーデンの建築家　ラグナール・エストベリ、エリアス・コーネル、宗幸彦 (訳)、相模書房、1984

[15] スウェーデンの街と住まい (建築探訪 5)、山本明、丸善、1992

[16] カール・ラーション　スウェーデンの暮らしと愛の情景 (ToBi selection)、荒屋鋪透、東京美術、2016

[17] 北欧建築ガイド　500 の建築・都市空間、小泉隆＋九州産業大学小泉隆研究室、学芸出版社、2022

[18] København. Urban Architecture and Public Spaces (Detail Special), Eva Herrmann, Sandra Hofmeister, Jakob Schoof, Detail, 2021

[19] Public Spaces and Urbanity: How to Design Humane Cities (Construction and Design Manual), Karsten Pålsson, Forlaget Bogvaerket, DOM Publishers, 2017

[20] Guide to New Architecture in Copenhagen, Danish Architectural Centre, 2015

[21] Guide to Danish Landscape Architecture 1000-2003, Annemarie Lund, The Danish Architectural Press, 2003

[22] Helsinki: An Architectural Guide, Arvi Ilonen, Otava Publishing, 2004

[23] The Complete Guide to Architecture in Stockholm, Arkitektur Förlag, 2004

[24] Jorgen Bo, Vilhelm Wohlert: Louisiana Museum, Humlebaek, Michael Brawne, Ernst J Wasmuth, 1993

[25] Louisiana: Samling og bygninger: The Collection and Buildings, Louisiana Museum of Modern art, 1986

[26] The Facade is the Meeting between Outside and Inside, Peter Celsing, Museum of Finnish Architecture, 1992

[27] Ribersborgs Kallbadhus: och badvanor genom tiderna, Lars-Gunnar Bengtsson, Pelle Jönsson, Historiska Media, 2016

[28] Strøgmanual for Strøggaderne i Indre Kobenhagevn, City of Copenhagen, 2014

[29] A Metropolis for People: Visions and Goals for Urban Life in Copenhagen 2015, City of Copenhagen, 2009

[30] https://www.archdaily.com

[31] https://bycyklen.dk/en/

[32] http://www.copenhagenize.com/2016/07/copenhagens-inderhavnsbro-inner-harbour.html

[33] http://klimakvarter.dk/wp-content/uploads/2015/06/Tåsingeplads_pixi_2015_UK_WEB.pdf

[34] http://www.arkitekturvaerkstedet.dk/index.php?option=com_content&view=article&id=83:torvehallerne-pa-israels-plads&catid=81:2-erhverv&Itemid=628&lang=en

[35] https://www.havnerundfart.dk/canaltours/

[36] https://www.urbangreenbluegrids.com/projects/bo01-city-of-tomorrow-malmo-sweden/

[37] https://www.neighbourhoodguidelines.org/hammarby-sjstad-case-study

[38] https://navi.finnisharchitecture.fi/allas-sea-pool/

[39] https://messe.nikkei.co.jp/js/column/design/120872.html

[40] https://www.dbukoebenhavn.dk/om-os/historie/spillesteder/f/faelledparken/

写真および図版クレジット

- Ankara：p.111-fig.7
- Bernhard Olsen：p.110-fig.3
- City of Copenhagen（former Stadsingeniørens Direktorat）：p.25-fig.4
- City of Copenhagen：p.52-fig.1 〜 6
- COBE/Rasmus Hjortshoj, COAST：p.31-fig.7, p.68-fig.1
- Daniel G. Correa：p.171-fig.4
- David Puig Serinyà：p.170-fig.1, p.171-fig.2&3
- David Sim：p.12-fig.6, p.14-fig.8&9, p.16-fig.10, p.17-fig.11, p.20-fig.12, p.39-fig.5, p.92-fig.1, p.93-4&5&7, p.103-fig.11, p.105-fig.15, p.113-fig.2, p.114-fig.5, p.132-fig.2, p.138-fig.3 〜 5
- E.O.：p.63-fig.4
- Erika Hall：p.137-fig.2
- European Commission：p.56-fig.3
- Evannovostro：p.40-fig.8
- Family FECS：p.167-fig.7
- Gunnar Lundh Malmö Musser：p.136-fig.4
- Ilari Nackel：p.38-fig.1, p.62-fig.1
- Jens lindhe：p.151-fig.2
- Kerstin700：p.42-fig.1
- kuvio.com：p.141-fig.3&4, p.142-fig.7
- Lars Gemzøe：p.8-fig.1, p.9-fig.2, p.13-fig.7
- Laurian Ghinitoiu：p.147-fig.5
- LYTT Architecture：p.70-fig.1
- Medvedkov：p.63-fig.3
- NORD Architects and Adam Mørk：p.162-fig.1, p.163-fig.3&5, p.165-fig.4
- Okänd：p.136-fig.3
- olli0815：p.53-fig.1
- Patrizio Martorana：p.111-fig.6
- Politiken（National Newspaper）photo archive：p.109-fig.2
- PPS 通信社：p.10-fig.3&4
- Press/CopenHill：p.146-fig.1, p.147-fig.4
- Roberto Rizzi：p.53-fig.3
- Rasmus Hjortshøj, COAST：p.128-fig.2, p.129-fig.4, p.148-fig.7, p.151-fig.4&5
- Robert Damisch and layout by KWY Studio. Courtesy of SUPERFLEX.：p.169-fig.3
- saiko3p：p.64-fig.1
- Sergey_Ko：p.63-fig.5
- Sille Kongstad：p.49-fig.10
- SLA/Magnus Klitten：p.34-fig.1p.35-fig.2
- sonatali：p.65-fig.5
- Torben Eskerod：p.169-fig.4
- Torbjörn Andersson/Malmö Musser：p.136-fig.2
- 小泉隆：上記以外の写真

日本のパブリックスペースのために

　日本の人々は長い間、北欧の建築とデザインに大きな関心を寄せてきました。北欧のデザインに宿る柔らかなフォルム、温かみのある素材、快適さを追求する人間工学、そして実用的な機能性が人々を魅了しています。最近では、こうしたデザインの背後にある文化への関心も高まっており、「hygge」「fika」「lagom」「sisu」といった北欧の暮らしを支える概念をテーマにした本も多数日本で出版されています。また、デンマークの成人教育や、スウェーデン人男性の9割が取得するという育児休暇など、その先進的な社会制度にも注目が集まっています。

　日本の都市に暮らす多くの人々は、新しいライフスタイルへの感度が高く、特に若い世代の間で、街なかに居心地のよい場所を見つけて、飲食を楽しんだり、マルシェで買い物をしたりと、パブリックな空間を使いこなす人々が増えています。

　しかし、こうした日本のライフスタイルや都市風景の変化はまだ新しく、北欧の取り組みから学べることはたくさんあると思います。本書は、北欧の屋外のパブリックスペースのあり方や、そこでの人々の過ごし方を紹介するものです。日本の人々が、天候や文化にかかわらず、より多くの時間を屋外で楽しむようになってくれることに本書が寄与できれば幸いです。

ディビッド・シム

あとがき

　本書は、ディビッド・シムとの共同作業により実現したものである。まずは福岡でシムを招聘したワークショップと講演会を主催し、参加を勧めてくれた元・福岡女子大学教授の森田健先生に感謝の意をお伝えしたい。その出会いの機会がなければ、本書は実現していなかったであろう。

　シムは、大学時代に聞いたヤン・ゲールの講演に感銘を受け、スコットランドからスウェーデンに移り住んだ後、スウェーデンやデンマークを拠点に、世界的なプロジェクトも含め数々の建築設計や都市デザインに携わってきた。本書の企画を相談した際には、北欧に惚れ込んだ者同士、国や立場の異なる視点を活かしながら北欧のパブリックスペースの素晴らしさを伝えようと話が進んだ。そうして結実した私たち2人のコラボレーションが、北欧のパブリックスペースへの関心を高める一助になれば幸いである。

　本編に掲載した写真は、一部を除き、筆者自身が現地で撮影したものである。これまで北欧の建築やインテリアを撮影する際には、作品が主役で、人が写り込まない写真を撮ることに注力してきた。一方、パブリックスペースの場合には、人々にいきいきと使われている写真でなければその良さが伝わらない。そのため、過去に取材していた場所についても、再度撮り直したものが多い。そこでふと頭に浮かんだのが、ヤン・ゲールの妻で心理学者のイングリッド・ゲールがヤンや仲間の建築家に問いかけたという「なぜ建築家は人間に関心がないのか？」「建築学の教授たちは、写真に人間が写り込んで建築の邪魔をしないよう朝4時に写真を撮影するが、それについてあなたたちはどう思っているのか？」という言葉だった。その言葉もきっかけとなり、この書籍をまとめるうちに建築や都市に対する見方や考え方が私の中で変化することとなった。

　本書ができあがるまでには、数多くの方々にお世話になった。関わってくださったすべての方々に感謝の意を表したい。また、前著『北欧建築ガイド』に続き、現地情報の調査および現地語・日本語訳の監修でお世話になったリセ・スコウさん、作図を手がけてもらった鬼塚文哉さん、ブックデザインを担当いただいた凌俊太郎さん、編集を担当いただいた学芸出版社の宮本裕美さん・森國洋行さんにも感謝申し上げる。そして最後に、いつも私の活動を支えてくれる妻の智子に深い感謝を伝えたい。

2023年1月

小泉 隆

小泉 隆 Takashi Koizumi

九州産業大学建築都市工学部住居・インテリア学科教授。博士（工学）。1964年神奈川県横須賀市生まれ。1987年東京理科大学工学部建築学科卒業、1989年同大学院修了。1989年より東京理科大学助手、1999年より九州産業大学工学部建築学科。2017年より現職。2006年度ヘルシンキ工科大学（現：アアルト大学）建築学科訪問研究員。2017年より日本フィンランドデザイン協会理事。著書に『北欧建築ガイド』『北欧の建築』『アルヴァ・アールトの建築』『アルヴァ・アアルトのインテリア』『北欧の照明』（以上、学芸出版社）など多数。

ディビッド・シム David Sim

softer代表、アーバンデザイナー、建築家。1966年スコットランド生まれ。エジンバラ芸術大学で建築を学んでいた頃、ヤン・ゲールの講義を聞いて感銘を受け、北欧に移住。建築事務所での勤務を経て、スウェーデン・ルンド大学で教鞭をとった後、2002～17年までGehl Architectsでクリエイティブディレクターを務める。著書『Soft City』（Island Press、2019年）は、日本など20カ国で翻訳される。現在、スウェーデンにコンサルティング会社softerを設立し、世界各地で人々が心地よく暮らせるまちづくりに取り組む。

北欧のパブリックスペース
街のアクティビティを豊かにするデザイン

2023年2月5日　初版第1刷発行

著者……………………小泉隆、ディビッド・シム
発行所………………株式会社 学芸出版社
　　　　　　　　　　〒600-8216 京都市下京区木津屋橋通西洞院東入
　　　　　　　　　　電話 075-343-0811　E-mail info@gakugei-pub.jp
発行者………………井口夏実
執筆…………………松野尾仁美、信濃康博、吉村祐樹、近藤岳志
図版作成……………鬼塚文哉
日本語読み監修…リセ・スコウ（Lise Schou）
編集…………………小泉隆、宮本裕美・森國洋行（学芸出版社）
デザイン……………凌俊太郎
DTP…………………梁川智子
印刷・製本…………シナノパブリッシングプレス

©Takashi Koizumi, David Sim 2023　Printed in Japan
ISBN978-4-7615-3288-8